白云鄂博矿碳热还原过程中磷的脱除机理

张 婧 著

北 京

冶金工业出版社

2020

内 容 提 要

　　本书共分 6 章，基于对白云鄂博矿中含磷矿物赋存状态的观察和分析，采用 FactSage 热力学软件计算与真空碳管炉还原焙烧实验相结合的方法，对白云鄂博矿碳热还原过程中磷的脱除机理进行系统研究。书中内容对于深入挖掘中磷磁铁矿脱磷机理，开辟脱磷新途径，实现铁矿石脱磷的工业化应用，具有重要的理论意义。

　　本书可供相关科研院所和生产企业的研究人员和工程技术人员阅读，也可供高等院校冶金及材料专业师生参考。

图书在版编目（CIP）数据

　　白云鄂博矿碳热还原过程中磷的脱除机理／张婧著. ——
北京：冶金工业出版社，2020.6
　　ISBN 978-7-5024-8518-4

　　Ⅰ.①白…　Ⅱ.①张…　Ⅲ.①白云鄂博矿区—碳热还原—脱磷—研究　Ⅳ.①TF111.13

　　中国版本图书馆 CIP 数据核字（2020）第 088605 号

出　版　人　陈玉千
地　　　址　北京市东城区嵩祝院北巷 39 号　邮编　100009　电话　(010)64027926
网　　　址　www.cnmip.com.cn　电子信箱　yjcbs@cnmip.com.cn
责任编辑　宋　良　美术编辑　吕欣童　版式设计　孙跃红　禹　蕊
责任校对　李　娜　责任印制　李玉山
ISBN 978-7-5024-8518-4
冶金工业出版社出版发行；各地新华书店经销；三河市双峰印刷装订有限公司印刷
2020 年 6 月第 1 版，2020 年 6 月第 1 次印刷
148mm×210mm；4.5 印张；131 千字；132 页
30.00 元

冶金工业出版社　投稿电话　(010)64027932　投稿信箱　tougao@cnmip.com.cn
冶金工业出版社营销中心　电话　(010)64044283　传真　(010)64027893
冶金工业出版社天猫旗舰店　yjgycbs.tmall.com
　　　　　（本书如有印装质量问题，本社营销中心负责退换）

前　言

近年来，我国钢铁产量大幅增加，导致国内优质铁矿石资源日益匮乏，很大程度上依赖进口铁矿资源。然而，铁矿石进口价格不断上涨，市场对低端钢铁产品需求接近饱和，使得钢铁企业利润逐年下跌，充分开发利用国内铁矿资源成为解决问题的关键。我国中高磷铁矿资源丰富、储量大，但铁品位低、矿物结构复杂，很难通过选矿手段显著提升矿石中铁氧化物含量；同时，磷元素含量高容易造成钢铁流程中的"磷害"问题，使其难以满足高炉炼铁对入炉原料的要求，往往只能作为炼铁配料，因此，国内储量丰富的中高磷铁矿资源并未被有效利用。倘若能针对中高磷铁矿有效提铁降磷，势必对缓解铁矿石供应不足，降低钢铁冶炼成本发挥十分重要的作用。

传统脱磷方法存在能耗大、污染重、铁损高、脱磷效果差以及无法满足工业大规模生产等问题，而实现中高磷铁矿脱磷始终是国内外科研工作者共同关注的难题。近年来提出的直接还原法在提铁降磷方面效果显著，但该方法需在直接还原焙烧结束后对焙烧产物进行破碎、筛分以及磁选，一方面脱磷率、金属化率的高低与破碎筛分粒度以及磁场强度等因素直接相关，另一方面延长了工艺流程增加了生产成本。日本 JFE 提出预还原烧结工艺，即把对铁矿的一部分还原从高炉转移到烧结过程中进行，其产物为含有部分金属铁和氧化亚铁的预还原烧结矿，减少高炉炼铁过程中焦炭的消耗量，最终实现降低高炉焦比的同时减少 CO_2 气体排放的目的。此外，预还原烧结工艺具有配碳量高、料层温度高、气氛还原性强、体系负压操作等特点，可有效改善烧结料层还原脱磷的热力学与动力学条件，有利于通过气化脱磷的方式降低矿石中的磷含量，而含磷矿物还原得到的磷蒸气进入烧结废气中，不会对环境造成严重污染。

　　尽管预还原烧结技术具有优越的脱磷条件，但目前利用该方法进行气化脱磷的研究还相对较少。本书以包钢炼铁生产提供原料的白云鄂博中磷磁铁矿为研究对象，采用 Factsage 热力学计算与真空碳管炉还原焙烧实验相结合的方法，考察还原过程中的物相演变规律，焙烧产物的矿物组成与元素分布，铁氧化物与含磷矿物的还原机理，磷元素在气相、金属相、脉石相中的迁移规律，以及如何通过改变工艺参数使得尽可能多的含磷矿物还原发生在金属铁相生成之前，以减少进入金属铁相的磷蒸气以及 Fe-P 化合物的生成，进而改善气化脱磷率，达到提铁降磷的目的；最终探明碳热还原过程中磷的脱除机理，进而为预还原烧结脱磷新途径奠定研究基础。尽管碳热还原焙烧过程中的气化脱磷率不是很高，但在磷的脱除机理方面取得了一些实质性的进展。

本书作者为内蒙古科技大学材料与冶金学院教师。本书的完成得到了内蒙古科技大学材料与冶金学院罗果萍教授的支持；本书的有关研究与出版得到了国家自然科学基金（No. 51664045）、内蒙古自治区科技成果转化专项（No. 2019CG073）的资助，在此一并致以深深的谢意！

由于作者水平所限，书中不足之处，诚望读者批评指正。

作　者
2020 年 3 月
于内蒙古科技大学

目　　录

1 绪 论

1.1 国内铁矿石资源概述

1.1.1 铁矿石供需现状

众所周知，钢铁在世界工业发展进程中具有不可替代的重要地位。近几十年来，随着我国经济与社会的飞速发展，国内钢铁工业取得了长足的进步，钢铁产量逐年攀升，目前粗钢产量约占世界钢铁产能的50%以上。钢铁产量的大幅增加，导致国内冶金企业对铁矿石的需求量显著增长。我国铁矿石资源储量丰富，但大多为品位低、成分复杂的复合型难选铁矿，具有"贫、细、杂"等特征。世界上优质铁矿石多分布于巴西、澳大利亚等少数国家，这就导致我国作为世界上最大的钢铁生产消费国，国内高品质铁矿石供应量无法满足钢铁生产的需求。因此，铁矿石主要依赖于从国外进口，尤其是对外来优质铁矿的依赖程度较高。

根据世界铁矿石贸易分布情况，不难发现我国是铁矿石最大需求国和最依赖进口的国家。统计结果表明，从2000~2016年，我国铁矿石需求量从世界占比不足23%增加到67%以上，同时进口铁矿石数量逐年递增。截至2016年年底，国内进口铁矿石数量达到10亿吨，创历史新高，比2015年度增长7.5%。2011~2018年我国进口铁矿石量及增速如图1-1所示[1,2]。国内优质铁矿石供应不足与对进口铁矿石依赖度的不断提升，极有可能成为制约我国钢铁企业持续向好发展的影响因素。

随着优质铁矿石资源的不断减少、剥采比的增加以及国际汇率的变化，进口铁矿石价格在较长时间内将居高难下，铁矿资源严重短缺会对我国钢铁工业的发展产生消极影响。结合我国钢铁生产现状与铁

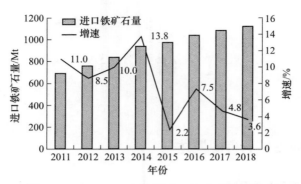

图 1-1　2011～2018 年中国进口铁矿石量及增速

矿石进口的市场环境可知，加大对国内铁矿资源的有效勘探和开发，提高对储量丰富但品位低且复杂难选铁矿石资源的利用率，不仅能大幅降低钢铁产品的生产成本，还会促进我国钢铁工业的可持续发展[3]。

1.1.2　国内铁矿石资源特点

我国铁矿石资源丰富，总量位列世界第三，已探明铁矿石储量在世界范围内居第五位，仅次于澳大利亚、巴西、乌克兰和俄罗斯。但矿石中铁品位较低，比世界铁矿石主要生产出口国低了近20%[4]。已探明铁矿储量中贫矿占97%，铁品位达到50%以上的优质矿石仅有2.7%，且大部分优质矿石主要储存于海南石碌及辽宁弓长岭铁矿中可以单独开采利用，而剩余优质矿石混杂分布于贫矿的部分矿段[5]。

在我国复杂难选的铁矿石资源中高磷铁矿石储量巨大，我国已探明含磷矿石储量位居世界第二，是世界上含磷矿石产量最大的国家。截至2017年，我国已探明的含磷矿石储量为32.4亿吨，矿石产量1.51亿吨。世界上产出含磷矿石超过2.63亿吨，其中我国贡献值高于50%。我国含磷铁矿资源铁品位较低，平均品位仅为17%，铁品位在30%以上的铁矿石占比不超过10%。不仅如此，我国含磷矿石中胶磷矿占70%，矿石夹杂多、矿物粒度小，磷矿利用率偏低。在世界范围内，高磷铁矿资源是亟待开采利用的难选矿石之一，其特殊的结构组成及复杂的化学成分，导致选矿难度极大[6]。

总而言之，国内磷矿资源储量丰富，充分开采利用这些矿石是解决国内铁矿石资源供给不足，降低进口矿石数量，平缓国内外矿石价格，保障钢铁行业利润的关键，有利于促进我国经济良好发展[7]。

1.1.3 白云鄂博矿概述

白云鄂博矿地处我国内蒙古包头市，由地质学家丁道衡教授在西北考察时发现[8]。研究结果表明，白云鄂博矿中富含稀土 RE、Nb 元素（其中 RE_2O_3 占 6%，Nb_2O_5 含量约 0.1%），铁矿资源远景储量达到 14.6 亿吨，主要含铁矿物为赤铁矿、磁铁矿以及褐铁矿。白云鄂博矿中稀土含量高达 1.35 亿吨，位于世界首位。

白云鄂博矿矿物组成十分复杂，含铁矿物与脉石矿物嵌布关系紧密，是典型的难选共生矿，具有"贫、多、细、杂"四大特征[9]。其中，"贫"是指白云鄂博矿铁品位较低，主东矿的平均铁品位仅为 34.7%，因此需要经过筛选将铁品位提升到 60%以上才能满足高炉生产要求。"多"是指矿石中的元素、矿物种类繁多，经研究白云鄂博矿包含 71 种元素，共有 170 多种矿物，元素种类高出普通矿的数倍甚至 10 倍以上，其中可综合利用的元素有 26 种，含铁矿物 20 余种，稀土矿物 16 种，铌矿物 20 种。"细"是指矿石的粒度细，含铁矿物粒度在 0.01~0.2mm 之间，含铌矿物粒度多数小于 40μm，稀土矿物粒度在 10~60μm 之间。"杂"是指矿石中的矿物组成、矿石结构比较复杂，根据氧化程度可分为原生磁铁矿和氧化矿；根据矿物组成、结构、有用组分的含量及蚀变类型又可分为块状型、萤石型、钠辉石型、钠闪石型、黑云母型及白云石型铌、稀土、铁矿石等六种主要成因类型。

白云鄂博矿从开采至今出现了不少问题，如资源浪费、环境污染以及无节制开采，这些问题使得白云鄂博矿无法得到合理有效的利用。随着环保意识的提高以及选矿技术的改进，白云鄂博矿的有效利用率逐渐提升。经计算，白云鄂博矿可以供包钢使用 30~60 年，表 1-1 为包钢主要的铁矿资源。

表 1-1 包钢主要铁矿资源

铁矿资源	储量 （万吨）	年产铁精矿 （万吨）	开采规模 （万吨/年）	地质资源利用率 （%）	使用年限 （年）
东矿	28000	340	900	90	30
西矿	80000	220	600	60	60

白云鄂博矿中包含对高炉冶炼有害的 P、K、Na、F 等元素，其中 F 含量为 6%~10%，K_2O+Na_2O 含量为 0.6%~0.8%，且 S 和 P 含量较高[10]。白云鄂博原矿中的 P 含量约为 0.8%~1.1%，属于中磷铁矿，大部分磷是以独立矿物形式赋存于磷灰石和独居石中。其中，磷灰石是由磷酸钙 $Ca_3(PO_4)_2$ 与 CaF_2、$CaCl_2$ 及 $Ca(OH)_2$ 等结合形成的一种复盐，而独居石（$CePO_4$）与氟碳铈矿共生；其次，萤石内部常包裹含磷矿物，且与含铁矿物共生关系紧密，只有少量含磷矿物分布于其他矿物中，如表 1-2 所示[9,11]。

表 1-2 各类型矿石中 P_2O_5 的赋存状态 （%）

矿物 种类	矿物中 $w(P_2O_5)$	块矿				萤石型				钠辉石型	
		主矿		东矿		主矿		东矿		东矿	
		含量	分布率	含量	分布率	含量	分布率	含量	分布率	含量	分布率
磷灰石	40.35	0.21	29.11	0.38	48.57	0.62	24.51	0.47	18.9	0.91	29.43
独居石	23.12	0.89	70.20	0.70	50.79	3.32	75.19	3.52	80.99	3.78	70.08
钠闪石	0.33	0.57	0.68	0.48	0.63	0.07		0.25	0.09	0.49	0.16
钠辉石	0.01	1.08		0.87		0.29		2.27		40.01	0.32
合计			99.99		99.99		100		99.98		99.99
大样中 $w(P_2O_5)$		0.935		0.214		2.71		2.516		2.848	
平衡系数		33.23		147.96		36.64		39.94		43.79	

1.2 钢铁流程中的"磷害"问题

除生产特殊含磷钢材（如炮弹钢）要求磷作为合金元素外，对于大多数钢种而言，磷属于有害元素，同时脱磷也是炼钢过程的一项重要任务。普通钢材磷含量要求控制在 0.02%~0.05% 之间；优质钢材对于磷含量的要求更为严格，须控制在 0.008% ~ 0.015% 范围内。磷元素在 γ-Fe 中的最大溶解度为 0.5%，而在 α-Fe 中的最大固溶度为 2.8%，基体中的 P 原子容易与 Fe 结合生成 Fe-P 化合物，能够使钢的屈服强度提高，但会显著降低塑韧性，尤其是低温韧性，导致钢中出现"冷脆"现象[12]。此外，磷元素在钢中的扩散能力较弱，当钢中磷含量偏高时，往往会产生较为严重的偏析现象，并且采用热处理的方式难以消除，导致钢中局部出现组织异常、应力集中等问题；同时会造成冷脆性和回火脆性，降低钢材的质量和安全性[13~15]。茅洪祥等人[16]研究磷对高锰钢的危害时发现，在相同碳含量条件下，钢中磷元素含量的增加会对高锰钢的塑性、冲击韧性、裂纹敏感性产生消极影响，缩短其使用寿命。

钢中的磷主要来源于炼铁原料铁矿石和焦炭。在高炉冶炼过程中，由于不具备脱磷的有利条件，因此原料中的磷几乎全部还原进入铁水中。利用高磷铁水作为炼钢原料势必会增加炼钢脱磷的负担和成本，同时还会使钢渣中的磷含量升高，而高磷钢渣用于烧结又会导致烧结矿磷含量升高，从而造成磷在钢铁中的恶性循环。白云鄂博矿为多金属共生的中磷磁铁矿，经选矿得到的铁精矿中磷含量依然较高，约为 0.08% ~ 0.11%[17]，以白云鄂博矿为原料生产得到的高炉铁水以及转炉钢渣的磷含量分别为 0.07% ~ 0.13% 和 0.9% ~ 1.0%[18]，均高于普通铁矿冶炼的水平，这不仅使得钢铁产品的脱磷成本激增，而且制约了钢渣的循环利用。正是由于磷在钢铁冶炼过程中的危害，使得我国储量丰富的中高磷铁矿资源无法得到充分利用。因此，降低矿石中的磷元素含量是目前亟待解决的关键问题，国内外众多学者对矿石脱磷的方法进行了系统深入的研究。

1.3 高磷铁矿脱磷工艺研究现状

随着我国钢铁产量大幅增加，铁矿石供应严重不足，很大程度上依赖进口矿石，钢铁产品成本激增。为解决这一问题，钢铁企业逐渐转向储量丰富的中高磷铁矿资源。以高磷鲕状赤铁矿为例，矿石资源储量达到 30 亿 ~ 40 亿吨，占我国铁矿资源的 1/9。若能降低铁矿石中的磷含量，增大对中高磷铁矿资源的开采利用，那么对缓解铁矿石供需矛盾十分有利。国内外研究者针对脱除中高磷铁矿石中的磷进行了大量的研究工作，采用的方法目前主要有选矿法[19~21]、酸浸/碱浸法[22]、微生物浸出法[23]、气基还原法[24]、直接还原法[25~27]以及预还原烧结法[28,29]。

1.3.1　选矿法

高磷铁矿石的特殊结构及物理性质使其属于难处理铁矿石范畴。到目前为止，选矿技术大致可分为磁选、浮选及联合选矿法，利用单一选矿方法不能得到预期的脱磷率，但联合采用几种选矿方法可以取得良好的脱磷效果。

1.3.1.1　强磁选法

磁选是依据铁氧化物与脉石的磁性差异来处理矿物的一种方法，具有效率高、经济成本低及污染小等特点。强磁选主要用于处理铁矿的抛尾和脱泥，效果非常明显[30]。

陈文祥等人[31]对巫山桃花高磷鲕状赤铁矿进行了强磁选脱磷研究，结果表明，选矿后矿石中的磷含量由原矿中的 1.13% 降为 0.95%，脱磷率仅 18%，而铁品位变化不大，由此可见利用强磁分选该高磷鲕状赤铁矿不能显著提铁降磷。朱江等人[32]利用选矿工艺对湖北宜昌高磷鲕状赤铁矿进行脱磷处理的研究发现，通过磨矿将矿石粒度减小到 200 目以下占 80% 后再进行强磁选实验，脱磷率明显提升，最终高达 71%。尽管经过磨矿处理后再进行强磁选有较为显著的脱磷效果，但铁的分选效果并不理想。

高炉炼铁对入炉原料的铁品位及磷含量要求较高，尽管利用强磁法可以使矿石中磷含量有所降低，但无法完全满足对铁矿石中铁品位及磷含量的要求。一方面，赤铁矿和磷灰石的磁性差异较小，利用磁选很容易使磷灰石也进入铁精矿中[6]；另一方面，磷灰石嵌布于赤铁矿之间，粒度很细，在磁选过程中很容易使得磷灰石随赤铁矿一起选入铁精矿中。因此，强磁选处理高磷铁矿石效果不佳，并非理想的脱磷方法。

1.3.1.2　浮选法

采用浮选法脱磷效果显著，但由于高磷铁矿石中的含硅矿物类型多样，易造成浮选泡沫数量增多，使得含铁矿物损失较大。同时，浮选药剂品种繁多，而大量的药剂又会对水质产生污染，这样不仅加重了反浮选的成本，而且对环境造成污染。因此，在现有的工业条件下，浮选法在生产实践中的应用受到限制[33]。

刘万峰等人[34]采用浮选工艺处理某难选含磷鲕状赤铁矿的实验结果表明，当磨矿粒度为 200 目占比 80% 时，磷的脱除效果较好；而进一步提高磨矿粒度，脱磷率的提高并不明显，反而使铁的回收率降低。此外，对捕收剂、调整剂、抑制剂以及煤油等浮选剂的用量进行了系统的研究，发现浮选剂用量分别为 200g/t、5000g/t、1500g/t、80g/t 时脱磷效果最好，得到的铁精矿中铁和磷含量分别为 54.21%、0.28%，铁的回收率达到 64.60%。

孙克己等人[35]研究了矿浆 pH 值、水玻璃和捕收剂 KH 用量对梅山铁矿石反浮选磷灰石的影响，发现在矿浆 pH 值为 8~9，水玻璃用量 2.0kg/t，捕收剂 KH 用量 100~150g/t 的最佳条件下进行实验，得到了铁含量为 51.95%、磷含量为 0.48% 的铁矿，再经过分选，可得到含铁量、含磷量分别为 54.86% 和 0.165% 的铁精矿，铁的回收率高达 97.36%。

近年来，选择性聚团分选工艺的快速发展能够为微细粒矿物分选研究提供理论基础，有助于解决高磷铁矿石选矿中有害杂质磷灰石、胶磷矿等嵌布粒度细、脱磷难的问题[36]。纪军等人[37]采用选择性聚团-反浮选法对含铁量为 52.59%、含磷量为 0.57% 的宁乡式鲕状高磷铁矿进行实验研究，结果表明，选矿后铁精矿的铁品位及回收率分别为 54.11% 和 90.57%，磷含量为 0.24%；矿泥中铁品位为 40.74%，磷含量为 3.50%；反浮选尾矿中铁、磷含量分别为 41.52%、2.96%。不难发现，尽管在脱泥过程中脱除了品位较高的含磷矿物，但同样使得铁损居高不下。

1.3.1.3　联合选矿法

　　随着浮选药剂的不断更新，当前反浮选被广泛应用于处理铁矿石脱磷难的问题。为了降低反浮选成本同时进一步减少铁精矿中的磷含量，依据物理选矿提铁与化学选矿脱磷的联合选矿新工艺，提出了磁选-反浮选联合降磷的方法[38,39]。

　　陈文祥等人[31]采用物理选矿、化学选矿以及联合选矿工艺，对巫山桃花高磷鲕状赤铁矿进行了研究，图1-2和图1-3为铁的物理富集与磷的化学脱除联合选矿法流程图。实验结果表明，单一的物理选矿中重选入料粒度越细，铁品位越高，回收率越低，综合考虑适宜的重选磨矿粒度应为0.3mm，铁精矿中含磷量可降低至0.97%，相比原矿有所下降，但仍未达到对铁精矿中磷含量的要求；反之，提铁效果较好，能够满足对铁品位的要求。采用物理-化学法相结合的联合选

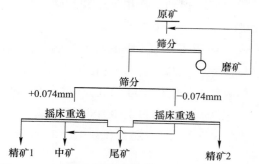

图 1-2　巫山桃花高磷鲕状赤铁矿重选实验流程图

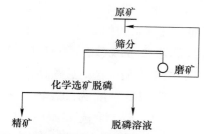

图 1-3　巫山桃花高磷鲕状赤铁矿化学选矿脱磷实验流程图

矿法处理该矿的研究结果表明，铁品位、含磷量分别为 45.43% 和 1.13% 的原矿经过处理后得到的铁精矿中铁品位为 55.10%，而磷含量降低至 0.092%，与单一选矿法相比，提铁降磷的综合效果更好。

林祥辉等人[40]利用磁选-反浮选相结合的工艺对鄂西高磷铁矿进行了实验研究，发现浮选法中采用 D-31 捕收剂能将磷含量降低至 0.2% 以下，取得良好的脱磷效果。采用 RD-31 作捕收剂、DA-18 作絮凝剂，利用磁选-脱泥-反浮选闭路工艺流程选别鄂西铁矿，得到的铁精矿中铁品位为 56.29%，回收率为 59.21%，含磷量降低至 0.11%。与物理选矿、化学选矿等工艺相比，RD-31 捕收剂和 DA-18 絮凝剂的研制成功，使得铁精矿降磷取得突破性进展，不足的是该工艺成本较高。

高磷铁矿中的磷元素通常以磷灰石的形式存在，基于磷灰石与其他矿物嵌布关系的紧密程度不同，使其处理难度有所差异。其中，以分散形式存在的磷灰石，采用联合选矿法可使矿中的磷进行分选脱除；而对于高磷鲕状赤铁矿，在结构上磷灰石与铁氧化物、脉石矿物相间呈鲕粒结构分布，含铁矿物与脉石矿物嵌布粒度极细，采用该选矿法处理很难达到脱磷要求[41]。因此，针对这类铁矿石，进一步提出利用浸出法降低矿石中的磷含量。

1.3.2 酸浸/碱浸法

酸浸/碱浸法是利用强酸、强碱性介质如盐酸、硫酸、硝酸、氢氧化钠等对铁矿石进行浸出，浸出过程中 H^+、OH^- 等与含磷矿物反应，生成可溶性的含磷离子化合物进入浸出液，从而达到脱磷的目的。该方法是利用酸浸或碱浸来降低矿石中的磷含量，与选矿法脱磷相比，它不需要完全解离含磷矿物，只需将其裸露于酸、碱性介质中就能实现磷的有效脱除。萨泽内矿石碱浸流程如图 1-4 所示[22,42]。

余锦涛等人[43]利用酸浸法对鄂西高磷铁矿脱磷进行了实验研究，首先对样品进行微波预处理，然后用硫酸浸出，并重复使用废酸液，每次酸浸过程添加硫酸使酸液浓度保持一致。在酸矿比为 25mL/g，硫酸浓度为 0.1mol/L，振荡频率为 100Hz 条件下，原矿中磷含量随着酸浸时间的增加逐渐减少，以矿粉中的硫没有显著聚集为前提，磷

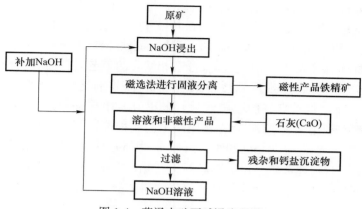

图 1-4 萨泽内矿石碱浸流程图

含量由原矿的 0.56% 降低至 0.07%，酸浸法处理高磷铁矿能取得良好的效果。此外，前 15min 反应速率较高，而后 15～30min 时间段内反应变缓，酸浸脱磷反应动力学过程遵循未反应核化学反应控制模型。

Xia 等人[44,45]通过 HCl 选择性浸出发现铁矿石中的磷灰石可转变成可溶性磷酸盐，脱磷率达到 50%，铁的品位提高 4%～6%，而且该实验对物料粒度要求不高，不需要焙烧和研磨就可以实现大批量物料的脱磷处理。

余盛颖等人[46]利用 HCl、H_2SO_4 及 HNO_3 三种强酸性介质对高磷赤铁矿中磷的脱除进行研究，结果表明，不同种类的强酸对脱磷效果的影响有所差异。其中，利用 HNO_3 处理高磷矿脱磷效果最好，HCl 次之，在适宜用量下两者的脱磷率均可达到 80% 以上；相较而言，H_2SO_4 的脱磷效果最差，仅达到 70%。选取 HCl 作为酸浸介质，在最佳工艺条件下（HCl 用量 42kg/t、矿浆浓度 35%、精矿的磨矿粒度为 200 目占 86.03%、反应时间 3h、搅拌速度 200r/min），高磷赤铁矿脱磷率可以达到 85.72%。

Lv 等人[47]采用酸浸法对高磷铁矿进行脱磷研究，分析硫酸浓度、颗粒大小和浸出时间对高磷铁矿脱磷率的影响，结果表明，采用硫酸浸出可有效地去除磷，且最大脱磷率可达 90.41%，铁元素的损失率低于 4%，对应的浸出物中含磷量仅为 0.08%。

综上，与常规脱磷方法相比，采用酸浸、碱浸法操作流程简单、效果明显、处理速度快，但容易导致矿石中可溶性含铁矿物的溶解，造成铁损。此外，高炉炼铁生产对铁矿石的需求量大，采用这种脱磷法需要消耗大量的浸出剂使得生产成本较高，产生的废水对环境易造成污染，同时该方法对设备抗腐蚀性要求高，因此不适宜于大规模工业生产[48]。

1.3.3 微生物浸出法

微生物浸出法脱磷主要是通过微生物代谢产酸降低体系值来溶解含磷矿物，且代谢酸能够与镁、钙等离子反应使矿物溶解。李育彪等人[49]在实验过程中采用不同菌种进行浸矿脱磷，对各组实验抽样检测，结果表明在脱磷过程中，首先是微生物在含磷矿粉颗粒周围大量繁殖使矿粉周边环境的 pH 值大大降低，然后是含磷矿物与游离的 H^+ 不断反应，进而使其溶解以达到脱磷的目的。微生物浸出脱磷流程如图 1-5 所示。

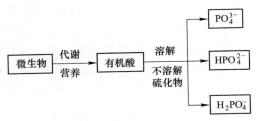

图 1-5 微生物浸出法脱磷流程图

黄剑胗等人[50,51]在实验过程中将某含磷铁矿用硫杆菌进行预处理，去除含磷矿物周围的包裹矿物使其裸露，进而与溶液充分接触发生化学反应，最终可将铁矿石中的磷含量降低至 0.2%。

中南大学姜涛等人[52]在微生物培养基浸出体系中配加 20% 黄铁矿，体系初始 pH 值为 1.7~2.0，浸出生物为氧化亚铁硫杆菌，脱磷率为 86.6%。

高志等人[53]使用富集、分离、纯化后的嗜酸氧化亚铁硫杆菌对某磷含量为 0.3% ~ 0.5% 的复杂铁矿石进行脱磷实验，脱磷率可达到 61.47%。

Obot 等人[54]以尼日利亚 Agbaja 地区高磷铁矿为原料，选取 Aspergillus Terreus 及 Bacillus Subtilis 菌种做脱磷微生物，将含磷矿物浸出 7 周，两者对应的脱磷率分别为 58% 和 66%。研究发现，菌种的脱磷效率与其生物活性有关，矿石中含有的黄铁矿和重金属等抑菌成分会导致菌种活性降低。

微生物浸出法脱磷具有成本低、环境污染小等优点，但需要选取合适的微生物菌种，同时脱磷周期过长，目前处于试验研究阶段，并没有广泛应用于工业生产中。从技术可行性和经济合理性来看，微生物浸出法当前还无法实现高磷铁矿石的大规模利用。

1.3.4　气基还原法

气基还原法是利用还原性气体对铁矿石进行还原的方法，一般要对还原后的矿粉进行熔分冶炼，再磁选分离。

李士琦等人[55]对高磷赤铁矿超细粉进行气基还原实验研究，采用超级涡流磨矿技术获得平均粒度为 2μm 的超细矿粉，与常规粒度 75 ~ 150μm 的矿粉相比，超细矿粉中元素 Fe 和 P 分布不均匀，更加有利于两者的有效解离过程。实验结果表明，采用新研发的还原装置可使矿粉达到高度还原，且粒度对还原结果有较为显著的影响，超细矿粉的还原度可达 90%，而常规粒度的矿粉还原度仅 30% 左右；更重要的是还原产物颗粒间未发生粘结，采用简易磁选设备对焙烧产物进行磁选分离，可使矿粉中的铁与磷分离和富集。

Tang 等人[24]对气基还原高磷铁矿过程进行了热力学模拟，结果显示，当温度达到 800℃ 时，利用 CO 和 H_2 还原高磷铁矿发现铁的金属化率约为 65%，而含磷矿物保持不变，磷酸钙并未被还原。

赵志龙等人[56]针对鄂西高磷鲕状铁矿的特点，提出了利用 CO、H_2 气基还原高磷赤铁矿，再将还原后的产物进行熔分冶炼的新工艺。研究表明，在熔分温度为 1600℃ 条件下，用 CO 还原高磷铁矿再进行熔分得到的金属铁中含碳量为 0.063%，磷含量为 0.27%；用 H_2 还原再分离出的金属铁中含碳量为 0.011%，磷含量为 0.33%。不难发现，在还原高磷铁矿石中使用 CO 的还原效果优于 H_2。铁相中的元素磷是由于渣铁分离不充分造成的，熔分后铁相中的磷主要以夹杂物的形态存在，可以在熔分时通过去除铁水中夹杂物的方法进一步脱磷。脱磷率虽然不是很高，但是在气基还原方面取得了一些实质性的进展。但采用气基还原法对设备的要求高，而且成本也高，未能实现工业化生产。

1.3.5 直接还原法

直接还原法是指在不成渣的温度下，利用还原剂将铁氧化物还原为固态金属铁，再对焙烧产物进行破碎、磁选等操作，以达到提铁降磷的目的，是目前处理高磷铁矿常用的方法之一。

Matinde 等人[25]对高磷铁矿石采用预还原+机械破碎+筛分的方法来脱磷，结果表明，高磷铁矿石中大部分含磷矿物在低温条件下未被还原，而是以氧化物形式分散于脉石中。基于高磷铁矿的矿物结构，采用一般的选矿法很难满足入炉原料的要求，因此，通过直接还原焙烧法改变铁矿中含磷矿物的存在形态，破坏其原有的紧密包裹结构，同时焙烧过程能够促进铁氧化物的还原和铁晶粒的长大，有利于将金属铁相与含磷脉石相分离。

甘宇栋等人[57]采用固态直接还原和高强度磁选法对高磷鲕状赤铁矿进行脱磷实验研究，结果表明在温度为 1200 ~ 1300℃，恒温 20min，配碳量为 $\varphi_C/\varphi_O = 1.2/1$ 的条件下对高磷赤铁矿进行直接还原焙烧，将焙烧产物磁选，最终铁的收得率在 83% 以上，脱磷率最高达到 60% 以上，而且另外配加一定数量的 CaO，能够进一步提高脱磷率。

杨大伟等人[58]在添加脱磷剂的前提下对某高磷鲕状赤铁矿进行直接还原焙烧-磁选实验，结果表明，在设定焙烧温度和时间分别为 1000℃ 和 60min，加入还原剂煤用量 40% 和 NCP 脱磷剂用量 30% 的条件下，最终铁品位为 90.09%，回收率为 88.91%，磷含量为 0.06%。添加脱磷剂可破坏鲕粒结构，促进铁氧化物的还原，同时，部分含磷矿物参与反应转化为易除去的可溶性磷酸盐，从而改善脱磷的效果。

朱德庆等人[59]研究了熔剂与添加剂对某高磷鲕状赤铁矿高温还原过程中脱磷效果的影响,结果表明,当碱度升高后,在还原焙烧过程中形成了大量的正硅酸钙,而部分磷以磷酸根形式存在于正硅酸钙晶格中,再利用磁选将磷脱除。加入的添加剂能够与脉石中除磷灰石以外的其他组分反应,同时限制了部分磷灰石参与的还原反应。在还原温度为 1350℃、还原时间 10min、C/Fe 比为 0.48、碱度 2.4、Na_2SO_4 用量 15%、磨矿粒度为 200 目占 95% 的条件下进行实验,可得到全铁品位为 94.06%、磷含量为 0.25%、全流程铁回收率达 91.37%、脱磷率达 91.79% 的铁精矿。

Li 等人[26]利用直接还原焙烧-磁选的方法处理高磷鲕状赤铁矿(磷含量为 1.61%,铁含量为 48.96%),得到的铁精矿中磷含量降低至 0.97%,Fe 含量升高到 85.10%。不少研究发现,在焙烧过程中添加碳酸钠、硫酸钠能更进一步降低铁精矿中的磷含量[60~62]。

余温等人[60]通过实验探究了高磷铁矿直接还原焙烧过程中脱磷剂 $Ca(OH)_2$ 和 Na_2CO_3 对铁磷分离的作用机理,结果发现,$Ca(OH)_2$ 的加入提高了渣的熔点和黏度,Na_2CO_3 的加入促进了铁粒的长大和聚集;此外,加入的脱磷剂能够与 SiO_2 反应,有效地抑制氟磷灰石的还原。对加入 15%$Ca(OH)_2$ 和 3%Na_2CO_3 的矿粉混合料在 1200℃下进行焙烧,将焙烧产物磁选后得到的铁精矿铁品位高达 93.28%,磷含量仅为 0.07%。

通过选取不同脱磷剂直接还原焙烧+强磁选的研究中,可以得出还原焙烧后生成的金属铁颗粒仍比较细,而含磷矿物物相没有变化,仍然以磷灰石的形式存在。一部分磷分布相对集中,通过粗磨磁选就能实现提铁降磷;而另一部分磷呈分散状分布于细的铁颗粒周围,同时与脉石矿物紧密结合,要想得到铁品位高且磷含量低的铁精矿,就必须通过细磨才能使铁颗粒与脉石矿物单体解离来除去这部分磷。尽管直接还原法脱磷率较其他脱磷方法高,但脱磷效果与磁场强度、筛分粒度等因素直接相关;此外,磨矿和磁选延长了直接还原法处理铁矿石的生产工艺流程,导致成本增加[63,64]。

综合上述分析不难发现,选矿法、酸浸/碱浸法、微生物浸出法、气基还原法、直接还原法存在脱磷效果差、污染严重、损耗大、周期长、成本高、无法满足大规模生产等问题，属于非理想的脱磷方法。各种方法的优缺点见表 1-3。近年来，国内虽然在处理高磷鲕状赤铁矿方面已经取得了一定的进展，但是并没有从根本上解决此类矿石嵌布粒度极细、含磷矿物与含铁矿物层层包裹且复杂共生导致的难处理问题。然而，目前已有的各种工艺虽不能从根本上解决问题，但具有重要的参考和借鉴价值。对于中高磷铁矿的处理，有待于开发一种能够实现工业化应用的脱磷技术。

表 1-3 各种脱磷方法的优缺点比较

脱磷方法	优 点	缺 点
选矿法	成本低	单一的选矿法脱磷效果差
酸浸/碱浸法	脱磷效果明显，处理速度快	耗酸、碱量大，成本高，污染严重，对设备的耐腐蚀性要求高
微生物浸出法	成本低、环境污染小	需选择合适菌种、周期长
气基还原法	脱磷率较高	对设备要求高，未能实现工业生产
直接还原法	提铁降磷效果明显	需选择合适的磁场强度与筛分粒度等，生产成本高

1.3.6 预还原烧结法

为实现炼铁过程的节能降耗以及减少 CO_2 气体排放，日本 JFE 对此提出了预还原烧结新技术[28]，具体是指在烧结过程中进行一部分含铁矿物的还原反应，把对铁矿的一部分还原从高炉转移到烧结过程中进行，其产物为含有部分金属铁和氧化亚铁的预还原烧结矿，能够减少高炉炼铁过程中所需的还原剂用量，尤其是焦炭消耗量，最终实现降低高炉焦比的同时减少 CO_2 气体排放的目的[65]。此外，在预还原烧结矿制备过程中，对焦煤质量的要求不及高炉对其的要求高，可有效降低对优质焦煤的需求量。传统烧结工艺与预还原烧结工艺的比较如图 1-6 所示。传统烧结矿的还原是在高炉中进行，受气体还原平衡的影响；而新开发的预还原烧结矿制备工艺，在烧结机上可通过还原剂同步进行直接还原反应[66]。

基于烧结理论与工艺过程提出的对铁矿粉矿化和预还原一体的预

还原烧结新工艺，就炼铁整个过程而言，在节能减排和提高高炉生产率方面，优势显著。研究表明，预还原烧结矿的还原度可达到40%～70%[29]，图1-7为碳的消耗量与预还原烧结矿的还原度之间关系的示意图[28]。随着还原度由0%逐渐升高到70%，烧结机上还原所需的碳耗升高，使其能耗增加，但结合高炉能耗来考虑，发现采用预还

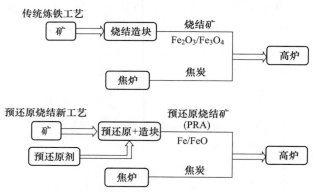

图1-6　传统炼铁工艺与预还原烧结新工艺流程比较

还原度	烧结机	高炉	总量
0% 传统 流程	空气　热源 CO₂/N₂　0　0.30 CO₂ ΔO/Fe　C/Fe	CO/CO₂/N₂　1.5　1.98 1.01 CO 0.97 CO₂ ΔO/Fe　C/Fe	1.5　2.26 1.01 CO 1.25 CO₂ ΔO/Fe　C/Fe
40%	空气　热源+还原 CO₂/N₂　0.60　0.71 CO₂ ΔO/Fe　C/Fe	CO/CO₂/N₂　0.90　1.53 0.90 CO 0.63 CO₂ ΔO/Fe　C/Fe	1.5　2.23 0.90 CO 1.33 CO₂ ΔO/Fe　C/Fe
70%	空气　热源+还原 CO₂/N₂　1.05　0.99 CO₂ ΔO/Fe　C/Fe	CO/CO₂/N₂　0.45　1.01 0.59 CO 0.42 CO₂ ΔO/Fe　C/Fe	1.5　2.00 0.59 CO 1.41 CO₂ ΔO/Fe　C/Fe

ΔO/Fe：　还原氧　　mol-O/mol-Fe
ΔC/Fe：　碳排放量　　mol-C/mol-Fe

图1-7　碳消耗与预还原烧结矿还原度的关系

原烧结矿可使总能耗降低。在烧结矿中 C/Fe 比由 0.30 升高到 0.99 时，使得高炉中 C/Fe 比由 1.98 降低到 1.01，可以看出，在整个炼铁过程中 C/Fe 比是降低的[67]。

预还原烧结矿还原率与炼铁过程中 CO_2 排放量的关系如图 1-8 所示。由图可以看出，还原率的升高使得高炉炼铁过程中排放的 CO_2 总量呈现下降趋势，但在烧结过程中 CO_2 排放量有所增加。就整个炼铁过程而言，在还原率低于 30% 时，CO_2 排放量随着还原度的增加而提高；但当还原率高于 30% 时，CO_2 排放量又有所降低；当还原率达到 70% 时，可望使炼铁工艺中 CO_2 总排放量减少 10%[68]。

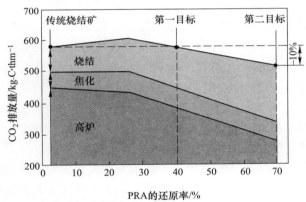

图 1-8　预还原烧结矿的还原率与 CO_2 排放量之间的关系

范德增等人[69]对利用海南铁矿粉制备的预还原烧结矿的矿物组成与冶金性能进行了研究，结果表明，预还原烧结矿含铁相主要由浮氏体、金属铁、少量磁铁矿和三元铁酸钙及少量残碳组成；硅酸盐渣相矿物有 β-硅酸二钙、钙铁橄榄石和极少量的硅酸盐玻璃相。烧结矿中以金属铁相联结硅酸盐渣相固结为主要固结方式。根据预还原烧结矿的矿物组成和显微结构，确定了海南矿粉预还原烧结的最佳工艺条件为燃料配比 20%，碱度 1.7，精富矿配比 80/20，对应的预还原烧结矿转鼓强度 73%，成品率 87.17%。还原度 76.5%，低温还原粉化率（<3.15mm）仅为 2.4%。

预还原烧结技术具有配碳量高、料层温度高、气氛还原性强、体系负压操作等特点，因而可有效改善烧结料层含磷矿物还原的热力学与动力学条件，促进磷的气化脱除，有利于提高气化脱磷率。

刘帆等人[70,71]研究了脱磷剂 SiO_2、SiC、Na_2SO_4 及 $CaCl_2$ 含量对高磷赤铁矿微型烧结中气化脱磷的影响，结果表明，在焙烧温度为 1300℃时，以 SiO_2 为脱磷剂的最佳用量为 1.41%，脱磷率达 14.66%；当焙烧温度为 900℃时，以 $SiC+Na_2SO_4$ 为脱磷剂的最佳比例为 1.17∶1（即 SiC 为 1.57%，Na_2SO_4 为 1.34%），脱磷率达 16.54%；以 $CaCl_2$ 为脱磷剂的最佳用量为 1.31%时，脱磷率可达 17.21%。综合考虑各种脱磷剂对气化脱磷的影响，最终选取 $SiC+Na_2SO_4$ 为适宜的脱磷剂。

Han 等人[72]对高磷鲕状赤铁矿的脱磷过程进行了热力学分析，实验结果表明，磷灰石直接还原的开始温度为 1418℃，在铁矿粉造块过程中很难发生。而随着 SiO_2 用量的增加，反应温度从 1418℃降低至 1224℃，说明在 SiO_2 存在的条件下更容易还原磷灰石。为了在铁矿粉造块过程中实现高磷矿脱磷，还需加入适量的 Na_2CO_3，使得脱磷反应温度更低，更容易进行。通过热力学分析，进一步验证了高磷鲕状赤铁矿气化脱磷的可行性。

目前预还原烧结技术属于一项尚未发展成熟的脱磷技术，在国内仍处于探索试验阶段。尽管已有文献报道表明该技术具有良好的发展前景，但针对预还原烧结过程中铁氧化物与含磷矿物的还原机理、改善气化脱磷率的途径等方面，还有待进一步的研究。

1.4　研究背景及意义

国内铁矿石的开采与利用遵循先富后贫、先易后难的原则。近年来，随着钢铁工业的快速发展，钢铁产量逐年攀升，使得国内优质铁矿石资源日益匮乏，供应量无法完全满足钢铁工业的发展需求，不得不转向进口铁矿石。由于铁矿石进口价格不断上涨，市场对低端钢铁产品需求接近饱和，使得钢铁企业利润逐年下跌，充分利用国内铁矿资源成为解决问题的关键。我国中高磷铁矿资源丰富、储量大，但铁品位低、矿物结构复杂，很难通过选矿工艺大幅提升矿石中铁氧化物的含量。同时，含磷量高容易造成钢铁流程中的"磷害"问题，使其难以满足高炉炼铁对入炉原料的要求，往往是作为炼铁配料，因此，国内储量丰富的中高磷铁矿资源并未被有效利用。倘若能针对中高磷铁矿有效提铁降磷，从而充分开采利用中高磷铁矿资源，势必对缓解国内铁矿石短缺，降低钢铁冶炼成本起到十分关键的作用。

目前，就高磷铁矿石提铁降磷问题国内外科研工作者进行了大量的研究工作，主要提出选矿法、酸浸/碱浸法、微生物浸出法、气基还原法、直接还原法等脱磷方法，但存在脱磷效果差、污染严重、周期长、损耗大、成本高、无法满足大规模生产等问题。其中，直接还原法由于提铁降磷效果显著，是目前处理高磷铁矿石常用的方法之一，但该方法需在直接还原焙烧结束后对焙烧产物进行破碎、筛分以及磁选，一方面脱磷率与金属化率的高低与破碎筛分粒度以及磁场强度等因素直接相关，另一方面延长了工艺流程增加了生产成本。日本 JFE 为了使高炉炼铁过程节能降耗的同时减少 CO_2 气体排放提出预还原烧结工艺，即在烧结过程中进行一部分含铁矿物的还原反应，把对铁矿的一部分还原从高炉转移到烧结过程中进行，其产物为含有部分金属铁和氧化亚铁的预还原烧结矿，进而减少高炉炼铁过程中焦炭的消耗量，最终实现在降低高炉焦比的同时减少 CO_2 气体排放的目的。此外，预还原烧结工艺具有配碳量高、料层温度高、气氛还原性强、体系负压操作等特点，可有效改善烧结料层还原脱磷的热力学与动力学条件，有利于通过气化脱磷的方式降低矿石中的磷含量，而含磷矿物还原得到的磷蒸气进入烧结废气中，不会对环境造成严重污染。

虽然预还原烧结技术具有良好的脱磷条件，但利用该方法进行气化脱磷的研究目前还相对较少。本书以包头地区为包钢炼铁生产提供原料的白云鄂博中磷磁铁矿为研究对象，利用 FactSage 热力学计算与真空碳管炉还原焙烧实验相结合的方法，考察还原过程中的物相演变规律，焙烧产物的矿物组成与元素分布，铁氧化物与含磷矿物的还原机理，磷元素在气相、金属相、脉石相中的迁移规律以及如何通过改变工艺参数，使得尽可能多的含磷矿物还原发生在金属铁相生成之前，以减少进入金属铁相的磷蒸气以及 Fe-P 化合物的生成，进而改善气化脱磷率，达到提铁降磷的目的；最终探明碳热还原过程中磷的脱除机理，进而为预还原烧结脱磷新途径奠定研究基础。

1.5　研究内容及方法

本书以包钢选矿厂提供的白云鄂博矿为原料，以传统烧结与预还原烧结工艺理论为依据，通过 FactSage 热力学计算与碳热还原实验相结合，旨在探明中磷磁铁矿在直接还原过程中铁氧化物与含磷矿物的还原机理。具体研究内容如下：

（1）白云鄂博矿中含磷矿物的赋存特征。

利用化学分析法与激光粒度法测定白云鄂博原矿、铁精矿、选铁尾矿的化学成分与粒度分布，分析不同粒度对铁品位和磷含量的影响规律。

运用 X 射线衍射仪（X-ray diffraction，XRD）、场发射扫描电镜（Field emission scanning electron microscope，FESEM）、能谱仪（Energy disperse spectroscopy，EDS）并辅以先进的矿相分析系统（Advanced mineral identification and characterization system，AMICS），研究白云鄂博原矿、铁精矿、选铁尾矿的物相组成与元素分布特征。

通过矿相显微镜与场发射扫描电镜观察白云鄂博原矿（块矿）多个视场中铁氧化物、含磷矿物与其他脉石矿物的分布，并统计含磷矿物的嵌布特征。

（2）白云鄂博矿中含磷矿物与脉石矿物的有效分离。

基于前期对白云鄂博矿中磷的赋存状态的研究，发现含磷矿物与周围的脉石矿物紧密包裹，因此，可通过有效分离含磷矿物与脉石包裹来改善脱磷动力学条件。结合有关高磷鲕状赤铁矿选取碳酸钠、硫酸钠为添加剂在直接还原焙烧过程中提高脱磷率的文献报道，首先利用 FactSage 热力学软件计算碳酸钠、硫酸钠与含磷矿物周围脉石发生化学反应的标准吉布斯自由能变化与温度的关系 $\Delta G^{\ominus}\text{-}T$，进而确定合适的化学试剂种类；再通过真空碳管炉进行焙烧，将不同添加剂用量条件下得到的焙烧产物进行 XRD、SEM-EDS 分析，确定实现白云鄂博原矿、铁精矿中含磷矿物与脉石矿物有效分离的最佳化学试剂添加量。

（3）碳热还原过程中脱磷的热力学分析。

利用 FactSage 热力学软件计算并比较标准状态下与非标准状态下

白云鄂博矿中铁氧化物、含磷矿物的还原反应及其与脉石之间化学反应的吉布斯自由能变化与温度之间的关系，进而从热力学角度探明磷的脱除机理。

（4）碳热还原条件对白云鄂博矿脱磷的影响。

利用真空碳管炉在不同配碳量、还原温度、碱度/SiO_2含量条件下还原焙烧白云鄂博原矿、铁精矿，通过化学分析法测定焙烧产物中的 Fe、P 元素含量，明确上述碳热还原条件对气化脱磷率与金属化率的影响规律。

综合运用 FactSage 热力学软件、XRD、SEM-EDS 分析原矿、铁精矿焙烧产物的物相组成、矿物形貌、元素分布特征，进而研究碳热还原过程中磷的脱除机理。

（5）白云鄂博矿在碳热还原过程中磷的迁移规律。

在碳热还原过程中，磷元素从含磷矿物中逐渐迁移到气相、金属相以及脉石相中，而在这三相中的占比与还原时间直接相关。首先利用真空碳管炉对白云鄂博原矿和铁精矿进行不同还原时间的焙烧；再通过 FactSage 热力学计算软件、XRD、SEM-EDS 和 EPMA 从焙烧产物的物相演变规律与元素 Fe、P、C 的分布规律入手定性、定量地分析磷在铁相、脉石相、气相中的迁移规律，旨在促进磷进入气相的同时，抑制磷被金属铁相吸收或保留在脉石相中。

2 白云鄂博矿中含磷矿物的赋存状态

白云鄂博铁矿属于多金属共生的难选矿石，成分复杂，除了铁、铌、稀土外，尚有一些分散元素以及放射性元素，共发现71种。此外，含铁矿物与脉石嵌布粒度很细且关系紧密，含磷量较高，属于中磷铁矿。由白云鄂博铁矿经选矿得到的铁精矿中磷含量依然较高，导致铁水以及转炉钢渣中的磷含量也相应高于普通铁矿冶炼的情况。这不仅增加了炼钢脱磷负荷和成本，而且高磷钢渣用于烧结又会使烧结矿磷含量升高，造成磷在钢铁生产流程中的恶性循环。我国烧结矿的用量占入炉含铁原料80%以上，因此烧结矿的质量直接关系到钢铁产品的质量。若能在烧结过程中实现铁矿中磷的高效脱除，不仅可显著改善钢铁产品质量、降低钢铁生产成本，而且可促进钢渣资源的循环利用和钢铁生产的环保节能。

本章系统考察了白云鄂博原矿、铁精矿以及选铁尾矿的主要化学成分与矿物组成，探明了上述三种矿中铁品位、磷含量与粒度分布之间的关系，以及原矿中含磷矿物与铁氧化物及其他脉石矿物的嵌布特征。针对白云鄂博矿中含磷矿物赋存状态的研究，可确定含磷矿物的种类及周围的脉石成分，为碳热还原过程中脱磷剂的选择提供依据。

2.1 实验原料与方法

2.1.1 实验原料

本章研究所用白云鄂博原矿（粉矿、块矿）、铁精矿（粉矿）、选铁尾矿（粉矿）均来自包钢选矿厂。

2.1.2 实验方法与设备

为探明白云鄂博矿中含磷矿物的赋存状态，具体研究内容涉及以

下 3 个方面:

（1）将白云鄂博原矿、铁精矿以及选铁尾矿矿粉研磨至 200 目（75μm）以下,利用化学分析法、XRD 物相检测法定性、定量分析三种矿粉的主要化学成分与物相组成。将矿粉用环氧树脂冷镶后机械研磨、抛光、喷金,再利用 SEM-EDS 并辅以矿物分析系统研究白云鄂博矿的矿物形貌、组成及元素分布等。

（2）首先运用激光粒度法明确白云鄂博原矿、铁精矿、选铁尾矿矿粉的粒度分布,再用 60 目（250μm）、100 目（150μm）、150 目（100μm）、200 目（75μm）、320 目（45μm）的筛子对这三种矿粉进行筛分,得到不同粒度级的铁矿粉;然后对不同粒级的铁矿粉进行化学成分的测定,确定铁品位和磷含量,进而探究白云鄂博矿粒度与含磷量、铁品位之间的关系。

（3）将白云鄂博原矿块矿进行机械研磨、抛光,采用矿相显微镜观察显微结构;将抛光后试样喷金进行 SEM-EDS 分析,以确定矿石中含磷矿物周围的脉石成分及其与铁氧化物、其他脉石矿物之间的嵌布关系。

本章研究所用的实验设备和检测设备如表 2-1 所示。

表 2-1　研究所用实验设备和检测设备

种类	设备名称	生产厂家
实验设备	XMB-70 型三辊四筒棒磨机	武汉探矿机械厂
	电热恒温鼓风干燥箱	黄石市恒丰医疗器械有限公司
	SPM-300 型磨片机	江西兴业机械设备有限公司
	WHW 金相试样预磨机	上海研润光机科技有限公司
检测设备	X 射线衍射仪	德国 BRUKER 公司
	AxioImager 矿相显微镜	德国 ZEISS 公司
	SIGMA 500 场发射扫描电镜	德国 ZEISS 公司
	能谱仪	德国 BRUKER 公司

2.2   白云鄂博矿的化学成分与矿物组成

2.2.1   原矿的化学成分与矿物组成

对白云鄂博原矿粉的元素组成进行化学成分分析，结果如表 2-2 所示。白云鄂博原矿中铁品位较低，全铁含量仅为 31.70%，属于中贫铁矿石，需经过选矿处理才能用于高炉冶炼。此外，原矿中有害元素氟、磷、硫、钾、钠的含量较高，且磷含量达到 0.91%，属于中磷铁矿。

表 2-2   白云鄂博原矿主要化学成分   （wt%）

化学成分	TFe	FeO	CaO	SiO$_2$	MgO	K$_2$O	Na$_2$O	Al$_2$O$_3$	F	S	P
含量	31.70	12.25	14.90	10.97	1.97	0.35	0.49	1.00	4.50	1.72	0.91

为了明确白云鄂博原矿的物相组成，将原矿粉在玛瑙研钵中碾磨至<75μm 进行 XRD 检测，得到 XRD 衍射，图谱如图 2-1 所示。白云鄂博原矿中主要含铁矿物为磁铁矿，脉石成分主要有萤石、白云石以及云母类矿物，含磷矿物为氟磷灰石。而原矿中稀土矿物（氟碳铈矿、独居石）含量相对较少且结晶性较差，在 X 射线衍射分析中并未检测到，因此，还需对原矿矿物组成进行更加精确的定性和定量分析。

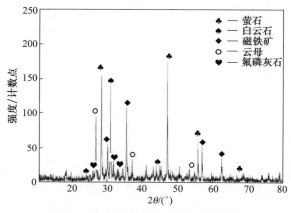

图 2-1   白云鄂博原矿 XRD 衍射图谱

利用场发射扫描电镜、能谱仪并辅以矿物分析系统测定白云鄂博原矿的矿物组成，结果如表2-3所示。原矿中主要含铁矿物为磁铁矿占45.40%，还有少量的黄铁矿、磁黄铁矿以及赤铁矿。脉石成分中萤石含量最高，占11.98%；稀土矿物氟碳铈矿占6.12%。含磷矿物由磷灰石（含氟磷灰石）和独居石组成，分别占3.04%、2.31%。此外，其他矿物包括菱铁矿、易解石、黄河矿等含量较低，共占2.61%。

表2-3 白云鄂博原矿中主要矿物组成及含量 （wt%）

磁铁矿	黄铁矿	磁黄铁矿	赤铁矿	方解石	萤石	白云石	闪石	石英
45.40	2.11	0.75	1.35	2.35	11.98	3.30	4.10	2.11
云母	铌矿物	氟碳铈矿	独居石	磷灰石	辉石	重晶石	长石	其他
2.81	0.48	6.12	2.31	3.04	4.83	3.30	1.05	2.61

注："其他"为菱铁矿、易解石、黄河矿等。

为了确定含磷矿物在原矿中的分布情况，对元素磷进行物相分析，结果如表2-4所示。

表2-4 白云鄂博原矿中磷元素的物相及分布 （%）

赋存状态	独居石	磷灰石	总磷
P含量	0.32	0.58	0.90
占有率	35.56	64.44	100

从表2-4可以看出，白云鄂博原矿中磷元素以磷灰石和独居石两种形式存在，其中磷灰石（含氟磷灰石）占64.44%。独居石占35.56%。独居石为稀土矿物，是提取铈族元素的主要原料之一，在选矿过程中会被回收利用。因此，脱除以磷灰石形式存在的磷是白云鄂博矿脱磷的关键。

将白云鄂博原矿冷镶试样进行场发射扫描电镜观察和能谱分析，结果如图2-2所示。

由图2-2可知，A点为含磷矿物独居石；B点呈半自形粒状矿物，含Ca、P、F、O元素，推测该矿物为氟磷灰石；C点矿物由Fe、O元素组成，根据原子百分比可推测该矿物为磁铁矿；D点与E点矿物为硅酸盐类辉石和黑云母。

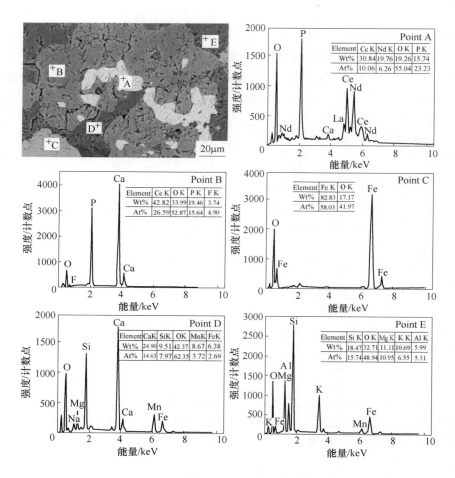

图 2-2　白云鄂博原矿形貌观察与能谱分析

　　为观察原矿中主要元素的分布，对微观区域进行面扫描，结果如图 2-3 所示。图 2-3（a）为原矿微观结构在扫描电镜下的形貌。由图 2-3（b）和（e）可知，元素 Fe 分布较为分散，元素 O 则覆盖整个扫描区域，且与元素 Fe 重叠的区域为含铁矿物。图 2-3（c）显示含元素 Ca 的脉石矿物分布较广，且与元素 P、O 部分重合，推测该区域为磷灰石。图 2-3（d）~（f）中元素 Ce、O 及 P 重合的区域可推测为独居石。元素 P 与元素 Fe 分布不重叠但紧密嵌布，可见含磷矿物多分布在含铁矿物周围。图 2-3（g）和（h）中元素 Si 与 Al 的分布呈正相关性，推测为硅铝酸盐类脉石矿物。综上，含磷矿物与含铁矿物和硅铝酸盐类脉石矿物紧密共生，嵌布关系复杂，不易单体分离。

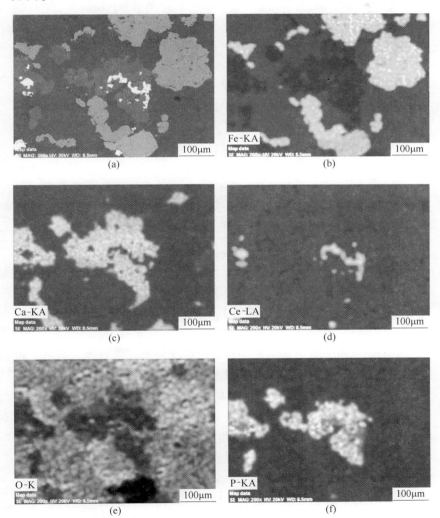

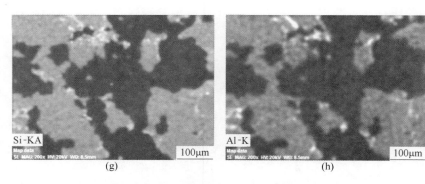

图 2-3   白云鄂博原矿中主要元素面扫分布

（a）白云鄂博原矿 SEM 形貌；（b）~（h）分别对应 Fe、Ca、Ce、O、P、Si、Al 元素分布

2.2.2　铁精矿的化学成分与矿物组成

　　白云鄂博铁精矿矿粉主要化学成分如表 2-5 所示，不难发现，经选矿得到的铁精矿中铁品位有很大提升，全铁含量由原矿 31.70% 增加到 63.00%，磷含量由 0.91% 降低至 0.08%。

表 2-5   白云鄂博铁精矿主要化学成分　　　　（wt%）

化学成分	TFe	FeO	CaO	SiO$_2$	MgO	K$_2$O	Na$_2$O	Al$_2$O$_3$	F	S	P
含量	63.00	27.00	1.58	5.28	0.83	0.14	0.23	0.50	0.52	1.80	0.08

　　为了研究白云鄂博铁精矿中存在的矿物种类，将研磨后的精矿粉进行 XRD 检测，得到 XRD 衍射图谱，如图 2-4 所示。

　　由图 2-4 可知，白云鄂博铁精矿中可检测到的成分较为简单，主要为磁铁矿，并有少量的赤铁矿。这是由于选矿后铁精矿中杂质含量较少且结晶性差，在 XRD 中无法检测到。同时，XRD 分析不能得到各种矿物的具体含量，这就需要对铁精矿的矿物组成进行更加精确的分析。

　　利用场发射扫描电镜、能谱仪并辅以矿物分析系统测定白云鄂博铁精矿的矿物组成，结果如表 2-6 所示。白云鄂博铁精矿中磁铁矿含

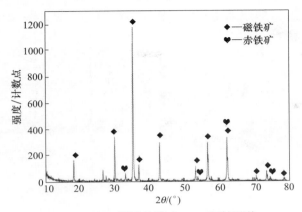

图 2-4　白云鄂博铁精矿 XRD 衍射图谱

量占 84.05%，赤铁矿含量占 7.91%，还有少量的黄铁矿、磁黄铁矿，可见经过选矿后铁精矿中铁品位较高，脉石含量较低，这与 XRD 分析结果一致。在脉石矿物中闪石类矿物含量最高占 1.47%，其他矿物包括重晶石、石英、方解石等含量较低，共占 2.14%。铁精矿中磷元素以磷灰石（含氟磷灰石）、独居石的形式存在，其中磷灰石占 0.19%，独居石占 0.05%，计算可知独居石中的磷占磷元素总量的 15.38%，磷灰石中磷元素占 84.62%，即铁精矿中磷元素主要存在于磷灰石中。

表 2-6　白云鄂博铁精矿中主要矿物组成及含量　　（wt%）

矿物	磁铁矿	黄铁矿	磁黄铁矿	赤铁矿	萤石	白云石	闪石
含量	84.05	0.46	1.21	7.91	0.46	0.50	1.47

矿物	云母	氟碳铈矿	独居石	磷灰石	辉石	蛇纹石	其他
含量	0.38	0.21	0.05	0.19	0.72	0.25	2.14

注："其他"为重晶石、石英、方解石等。

对白云鄂博铁精矿冷镶试样进行场发射扫描电镜观察和能谱分析，结果如图 2-5 与表 2-7 所示。

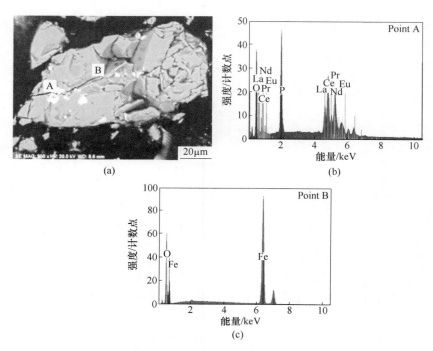

图 2-5　白云鄂博铁精矿形貌及成分分析（视场 1）

（a）白云鄂博铁精矿 SEM 形貌；（b）（c）分别对应 A 点和 B 点的 EDS 能谱

表 2-7　白云鄂博铁精矿（视场 1）能谱打点分析结果

元素组成		Fe K	O K	Ce L	P K	La L	Nd L	Pr L	Eu L	推测相
A 点	$w/\%$	—	18.51	34.27	16.76	14.80	10.44	3.41	1.81	$RePO_4$
	$x/\%$	—	53.62	11.34	25.08	4.94	3.35	1.12	0.55	
B 点	$w/\%$	76.00	24.00	—	—	—	—	—	—	Fe_3O_4
	$x/\%$	47.57	52.43	—	—	—	—	—	—	

注：表中"—"表示元素未检测到（后同）。

　　由表 2-7 能谱分析结果可知，A 点矿物含 Ce、La、Nd 等稀土元素，同时含有 P、O 元素，可推测点 A 为独居石。B 点矿物含 Fe、O 元素，根据各元素的原子百分比，推测该相为磁铁矿。对视场 1 进行能谱面扫描分析，主要元素分布如图 2-6 所示。

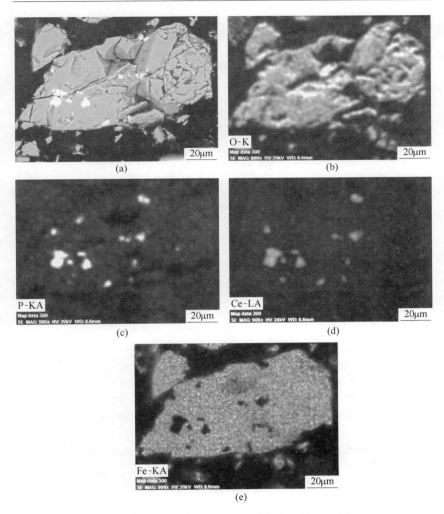

图 2-6　白云鄂博铁精矿中主要元素分布图（视场 1）

（a）白云鄂博铁精矿 SEM 形貌；（b）~（e）分别对应 O、P、Ce、Fe 元素分布

　　图 2-6 中黑色区域为环氧树脂，灰色区域中 O 元素与 Fe 元素的光密度有大范围重合，结合能谱打点结果推测该相为磁铁矿。同时，白亮色区域中 P 元素与 Ce、O 元素分布呈正相关性，推测该区域为独居石。白云鄂博铁精矿的矿物组成表明含磷矿物由磷灰石与独居石

组成，由于视场 1 中并未发现磷灰石，因此仍需对其他视场进行观察分析，结果见图 2-7 和表 2-8。

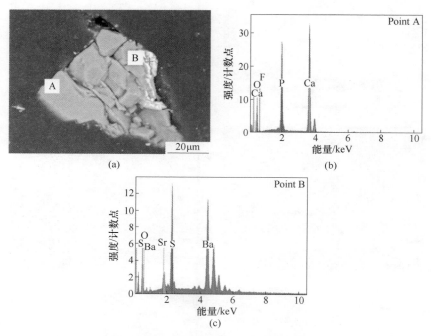

(a)　　　　　　　　　　　　　(b)

(c)

图 2-7　白云鄂博铁精矿形貌及成分分析（视场 2）

（a）白云鄂博铁精矿 SEM 形貌；（b）（c）分别对应 A 点和 B 点的 EDS 能谱

表 2-8　白云鄂博铁精矿（视场 2）能谱打点分析结果

元素组成		Ca K	P K	F K	O K	Ba L	S K	Sr L	推测相
A 点	w/%	40.12	15.85	2.94	41.09	—	—	—	Ca$_5$(PO$_4$)$_3$F
	x/%	23.63	12.08	3.66	60.63	—	—	—	
B 点	w/%	—	—	—	15.90	60.42	16.47	7.22	BaSO$_4$
	x/%	—	—	—	48.96	21.68	25.30	4.06	

对视场 2 中 A、B 两点矿物进行能谱分析，由表 2-8 可知，A 点所含元素有 Ca、P、O、F，并结合各元素的原子百分比可推测该矿物为氟磷灰石，B 点矿物推测为重晶石。对视场 2 进行面扫描来观察该区域主要元素的分布，结果如图 2-8 所示。

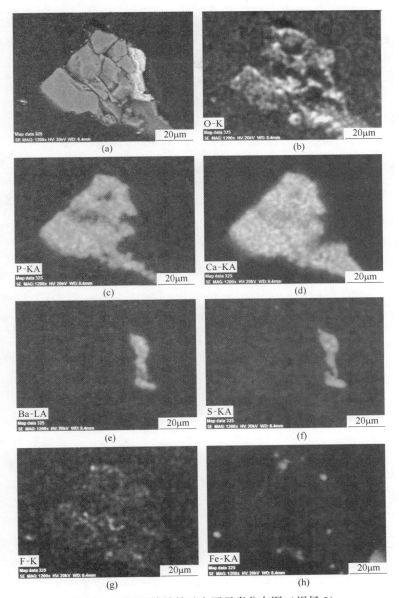

图 2-8 白云鄂博铁精矿主要元素分布图（视场 2）

（a）白云鄂博精矿 SEM 形貌；（b）~（h）分别对应 O、P、Ca、Ba、S、F、Fe 元素分布

由图 2-8 各元素分布可以看出灰色区域中 Ca、P、O、F 元素的光密度重合，结合 A 点的能谱分析，可知该区域为氟磷灰石。白色区域中 Ba、S、O 元素分布重合，结合 B 点能谱推测该区域为含硫矿物重晶石。同时，视场 2 中 Fe 元素分布较少且分散。结合白云鄂博铁精矿中磷元素的物相分析以及上述两个视场 SEM 形貌观察与 EDS 能谱分析，可以确定白云鄂博铁精矿中磷元素以独居石和磷灰石的形式存在，且脱除以磷灰石形式存在的磷元素是白云鄂博矿碳热还原脱磷的关键。

2.2.3　选铁尾矿的化学成分与矿物组成

白云鄂博选铁尾矿是由原矿经过选矿后剩余有用元素 Fe 含量最低的部分（本实验所用选铁尾矿只经过磁选工艺并未选稀土），主要化学成分见表 2-9。

表 2-9　白云鄂博选铁尾矿主要化学成分　　　　（wt%）

化学成分	TFe	FeO	CaO	SiO$_2$	MgO	K$_2$O	Na$_2$O	Al$_2$O$_3$	F	S	P
含量	11.05	3.55	23.65	14.26	4.08	0.45	0.52	1.44	15.00	2.88	1.55

由表 2-9 可知，选铁尾矿中铁品位仅为 11.05%，有害元素氟、磷、硫含量均较高，尾矿中仍有有益元素，但在目前的选矿技术条件下，分选成本过高，不适宜继续分选。对选铁尾矿进行 XRD 物相分析，结果如图 2-9 所示。

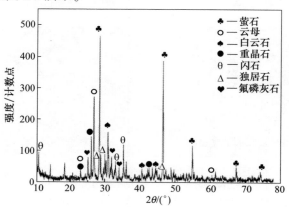

图 2-9　白云鄂博选铁尾矿 XRD 衍射图谱

如图 2-9 所示，白云鄂博选铁尾矿中主要成分有萤石、云母、白云石、重晶石以及闪石，经过选矿后大部分有益矿物已被选出，因此所剩尾矿中脉石含量增加，可检测出的脉石种类增多。同时，含磷矿物有氟磷灰石以及独居石，而含铁矿物由于含量较低并未检测到。

为了解选铁尾矿的矿物组成及磷元素的赋存状态，对其矿物组成进一步分析，结果见表 2-10。

由表 2-10 可知，尾矿中含铁矿物主要为赤铁矿，占 12.23%；脉石成分含量较高，其中萤石含量高达 21.39%；其他脉石矿物含量也高于其在原矿与铁精矿中的含量；含磷矿物仍为独居石与磷灰石，其中独居石占 3.46%，磷灰石占 3.75%；其他矿物包括长石、磁黄铁矿、菱铁矿等，共占 7.27%。

表 2-10　白云鄂博选铁尾矿中主要矿物组成及含量　（wt%）

矿物组成	赤铁矿	黄铁矿	萤石	闪石	白云石	氟碳铈矿	辉石
含量	12.23	4.06	21.39	8.33	7.22	6.53	6.52
矿物组成	云母	重晶石	方解石	独居石	磷灰石	石英	其他
含量	5.96	5.09	4.66	3.46	3.75	3.53	7.27

注："其他"为长石、磁黄铁矿、菱铁矿等。

将选铁尾矿中含铁矿物与含磷矿物分布进行统计，结果如表 2-11 和表 2-12 所示。尾矿中主要含铁矿物为赤铁矿，占总铁的 56.39%；黄铁矿、磁黄铁矿分别占 12.47%、1.22%。同时也有部分铁元素分布在脉石当中，在闪石类矿物中的铁元素占全铁的 8.38%，辉石、云母类矿物、云石类矿物中的铁元素分别占全铁的 10.11%、6.91%、2.41%，其他含铁矿物（菱铁矿、钛铁矿、菱锰矿等）共占 2.11%。尾矿中磷的存在形式与原矿、铁精矿相同，其中 60.81% 磷元素以磷灰石（含氟磷灰石）的形式存在，39.19% 磷元素以独居石的形式存在。

表 2-11　白云鄂博选铁尾矿中铁的物相及分布　（%）

赋存状态	赤铁矿	黄铁矿	磁黄铁矿	闪石	辉石	云母	白云石	其他	总铁
占有率	56.39	12.47	1.22	8.38	10.11	6.91	2.41	2.11	100

注："其他"为菱铁矿、钛铁矿、菱锰矿等。

表 2-12　白云鄂博选铁尾矿中磷的物相及分布　　　　（%）

赋存状态	磷灰石	独居石	总磷
占有率	60.81	39.19	100.00

　　利用场发射扫描电镜对选铁尾矿形貌和成分进行观察分析，结果如图 2-10、表 2-13 所示。

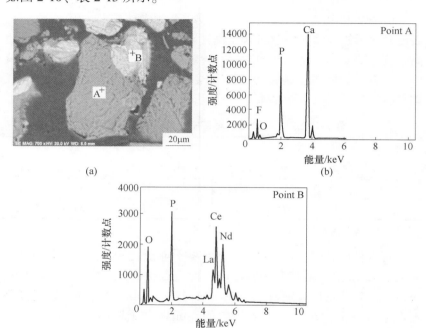

图 2-10　白云鄂博选铁尾矿 SEM-EDS 分析

（a）白云鄂博选铁尾矿 SEM 形貌；（b）（c）对应 A 点与 B 点 EDS 能谱

表 2-13　白云鄂博选铁尾矿能谱打点分析结果

元素组成		Ca K	O K	P K	F K	Ce K	La K	Nd L	Pr K
A 点	$w/\%$	41.56	35.42	17.78	5.23	—	—	—	—
	$x/\%$	25.29	53.99	14.00	6.71	—	—	—	—
B 点	$w/\%$	—	10.60	17.59	—	39.81	14.11	13.58	4.30
	$x/\%$	—	38.05	32.63	—	16.32	5.83	5.41	1.75

对选铁尾矿视场中 A、B 两点进行能谱分析，由表 2-13 可知，A点矿物所含元素为 Ca、P、O、F，并结合各元素的摩尔百分比推测该矿物为氟磷灰石。B 点矿物含 Ce、Pr、Nd、La 稀土元素以及 P 元素与 O 元素，推测该矿物为独居石。同时对该区域进行元素面扫描分析以观察该区域主要元素的分布，结果如图 2-11 所示。

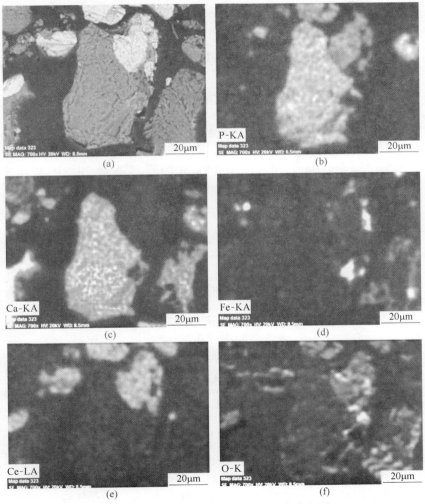

图 2-11 白云鄂博选铁尾矿主要元素分布图

（a）白云鄂博尾矿形貌；（b）～（f）分别对应 P、Ca、Fe、Ce、O 元素分布由图 2-11 所示，图中黑色区域为环氧树脂，O 元素覆盖整个扫描区域。视场中 P 元素与 Ca 元素的分布有大面积重合，结合 A 点的能谱分析可知，该区域为氟磷灰石。Ce 元素以及 P 元素分布也有一定的正相关性，并结合 B 点能谱推测该区域为独居石。选铁尾矿中铁含量较低，因此该视场中 Fe 元素分布较为稀疏。综合白云鄂博选铁尾矿中磷的物相组成以及 SEM-EDS 分析结果，可以确定白云鄂博选铁尾矿中的磷仍以磷灰石和独居石的形式存在。

2.3　白云鄂博矿中磷含量、铁品位与粒度之间的关系

2.3.1　原矿粒度对磷含量、铁品位的影响

利用激光粒度法测定白云鄂博原矿的粒度组成，结果如图 2-12、表 2-14 所示。白云鄂博原矿粉粒度较粗，其中 80% 的颗粒分布在 4.345~234.960μm 之间，大于 150μm 的颗粒达到 20.33%，小于 75μm 的颗粒占 55.57%，平均粒度为 55.880μm。

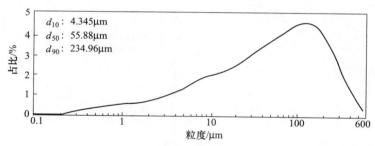

图 2-12　白云鄂博原矿粒度分布

表 2-14　白云鄂博原矿粒度区间分布　　　　　　　　　（%）

粒度区间	<45μm	45~75μm	75~100μm	100~150μm	>150μm
含量	41.80	13.69	11.71	12.39	20.33

将原矿粉用 60 目（250μm）、100 目（150μm）、150 目（100μm）、200 目（75μm）、320 目（45μm）粒度的筛子进行筛分，随后测定不同粒度矿粉的化学成分，见表 2-15，原矿中 Fe 元素、P 元素含量随粒度变化关系见图 2-13。

表 2-15　不同粒度原矿中 P、Fe 元素含量及 FeO 含量　（wt%）

粒度/μm	TFe	FeO	P
250~150	39.80	17.10	0.51
150~100	39.60	17.60	0.47
100~75	30.40	14.92	0.74
75~45	27.30	13.75	0.91
<45	20.40	11.05	1.15

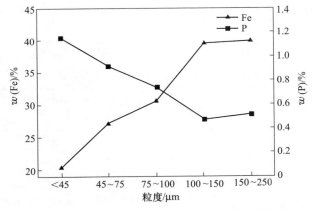

图 2-13　原矿中 Fe 元素、P 元素含量随粒度变化关系

由表 2-15 与图 2-13 可见，随着白云鄂博原矿粒度的减小，铁品位由 39.80% 降低到 20.40%，而含磷量基本呈升高趋势；小于 45μm 的原矿粉中磷含量最高，可达 1.15%。这是由于矿石中含铁矿物的硬度大于脉石矿物硬度，原矿经过机械破碎后，脉石矿物被破碎得较为彻底，而含铁矿物的硬度高不易破碎。所以，在细粒度矿粉中脉石成分较多，磷含量较高；在较大颗粒矿粉中，铁矿物含量较高。

2.3.2　铁精矿粒度对磷含量、铁品位的影响

利用激光粒度法测定铁精矿的粒度分布结果如图 2-14、表 2-16 所示。铁精矿矿粉粒度较原矿细，其中 80% 的颗粒分布在 5.156~

97.395μm，小于75μm的颗粒占82.80%，平均粒度为38.307μm。白云鄂博铁精矿矿粉粒度较细，而烧结过程中炼铁原料不宜太细，否则影响烧结矿的强度和成品率，因此在烧结过程中要注意控制原料的粒度，矿粉中粒度小于75μm的颗粒要求不超过80%。

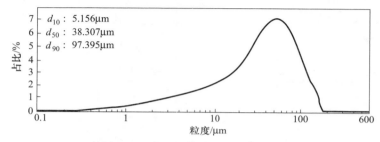

图2-14　白云鄂博铁精矿粒度分布

表2-16　白云鄂博铁精矿粒度区间分布　（%）

粒度区间	<45μm	45~75μm	75~100μm	100~150μm	>150μm
含量	57.76	25.04	9.31	5.63	2.26

将筛分得到的不同粒级铁精矿矿粉进行化学成分测定，结果如表2-17所示。铁精矿中P、Fe元素含量随粒度的变化关系见图2-15。

表2-17　不同粒度铁精矿中P、Fe元素含量及FeO含量（wt%）

粒度/μm	TFe	FeO	P
250~150	56.20	23.80	0.122
150~100	56.35	24.30	0.120
100~75	64.65	27.42	0.062
75~45	66.30	28.15	0.058
<45	67.60	28.20	0.044

由图、表数据可知，随着白云鄂博铁精矿粒度减小，矿中铁品位由56.20%升高到67.60%，磷含量由0.122%降低至0.044%。这是由于磨矿后矿粉中的含铁矿物与脉石矿物可充分分离，且粒度越细，两者分离越彻底；分离后再经过选矿工艺会降低矿石中的磷元素含

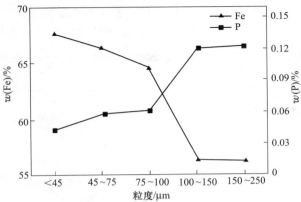

图 2-15　铁精矿中 P、Fe 元素含量随粒度变化关系

量，同时提升铁品位。在选矿过程中，可通过减小矿粉粒度来降低磷含量，但磨矿过细容易出现矿粉泥化现象，导致金属矿物随水流进入尾矿，降低精矿的铁品位，增加不必要的能耗。

2.3.3　选铁尾矿粒度对磷含量、铁品位的影响

白云鄂博选铁尾矿的激光粒度测试结果见图 2-16 与表 2-18。选铁尾矿粒度较细，80%的颗粒分布在 1.677~181.274μm，小于 45μm 的颗粒所占比例高达 63.93%，大于 150μm 的颗粒占 13.89%，平均粒度为 21.692μm。

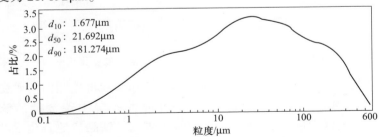

图 2-16　白云鄂博选铁尾矿粒度分布

表 2-18　白云鄂博选铁尾矿粒度区间分布　　　（%）

粒度区间	<45μm	45~75μm	75~100μm	100~150μm	>150μm
含量	63.93	8.13	4.79	9.26	13.89

将筛分得到的不同粒级选铁尾矿矿粉进行化学成分测定，结果如表 2-19 所示，铁精矿中 P、Fe 元素含量随粒度的变化关系见图 2-17。

表 2-19　不同粒度选铁尾矿中 P、Fe 元素含量及 FeO 含量

（wt%）

粒度/μm	TFe	FeO	P
250~150	10. 00	3. 70	1. 40
150~100	13. 30	4. 00	1. 32
100~75	12. 90	3. 65	1. 68
75~45	12. 20	3. 70	2. 00
<45	11. 30	3. 70	1. 92

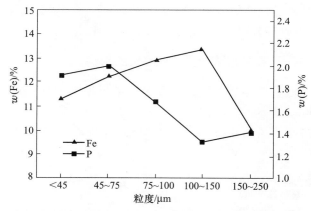

图 2-17　选铁尾矿中 P、Fe 元素含量随粒度变化关系

由图、表数据可知，选铁尾矿中 45~75μm 粒度范围内的矿粉磷含量最高为 2.00%，粒度在 100~150μm 的矿粉中磷含量最低为 1.32%。全铁含量在 10.00%~13.30% 范围内，铁品位随着粒度没有明显变化。

2.4　白云鄂博矿中含磷矿物嵌布特征

考虑到白云鄂博铁精矿、选铁尾矿矿粉是经过选矿、破碎得到的，不能完整、准确地呈现含磷矿物与含铁矿物及其他脉石矿物之间的嵌布关系，因此利用白云鄂博原矿块矿观察与分析矿物之间嵌布特征。

2.4.1　白云鄂博原矿块矿显微结构

利用矿相显微镜观察白云鄂博原矿块矿显微结构如图 2-18 所示。白云鄂博矿中主要的含铁矿物为磁铁矿、赤铁矿。磁铁矿在矿相显微镜单偏反射光下颜色较亮，为灰色微带浅棕色，且在矿中多为半自形和他形粒状结构，与脉石矿物的接触界面不规则，分布区域较广，见图 2-18（a）。赤铁矿偏光色为灰黄色，亮于磁铁矿的偏光色。赤铁矿偶见集合体，多与磁铁矿紧密镶嵌呈环带状结构并与脉石成分不规则毗连，见图 2-18（b）。在图 2-18（c）中，磁铁矿被脉石矿物包裹，这种嵌布结构会导致含铁矿物与脉石成分单体解离困难。图 2-18（d）中可观察到大面积的磁铁矿集合体，并有少量的脉石成分嵌布。

图 2-18　原矿矿相显微结构

（a）~（d）对应不同视场

M—磁铁矿；H—赤铁矿；G—脉石

由此可见，白云鄂博矿中含铁矿物与脉石矿物主要以包裹、毗连两种方式紧密相邻。但由于含磷矿物含量较低且利用矿相显微镜无法清楚地分辨出该矿物，因此需要通过扫描电镜进行观察。

在低倍条件下对白云鄂博矿中含磷矿物、含铁矿物及脉石成分的嵌布关系进行形貌观察与元素面扫描分析，结果如图 2-19 所示。

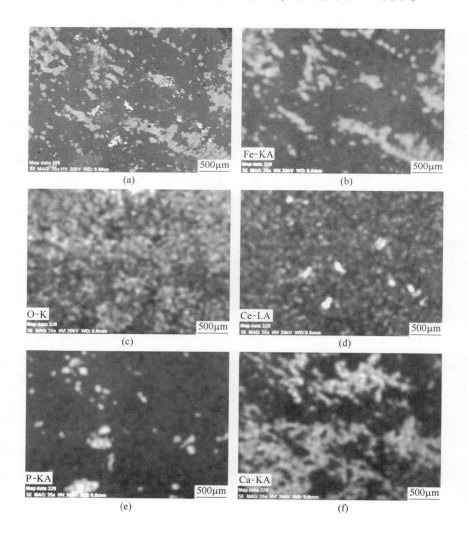

图 2-19 低倍下白云鄂博原矿块矿中主要元素分布图

(a) 白云鄂博原矿块矿 SEM 形貌；(b) ~ (h) 分别
对应 Fe、O、Ce、P、Ca、Si、Al 元素分布

图 2-19 (a) 为白云鄂博原矿块矿在 SEM 下的形貌。由图 2-19 (b) 和 (c) 可见，Fe 元素分布较为分散，O 元素覆盖整个视场，且与 Fe 元素重叠的区域为含铁矿物。图 2-19 (d) 和 (e) 中 Ce 元素与 P 元素重合的白亮色区域为独居石。由图 2-19 (f) 可知，含 Ca 元素的脉石矿物分布较广，且与 P、O 元素部分重合，推测该区域为磷灰石。同时，图 2-19 (g) 和 (h) 中 Si 与 Al 的元素分布呈正相关性，推测为硅铝酸盐类脉石矿物。

为了更直观地反映各元素的嵌布关系，将元素分布图叠加，见图 2-20。其中，图 2-20 (a) 为面扫描区域中 P、Fe 元素的分布，由图中 P、Fe 元素分布区域不难发现，大部分磷元素富集在铁元素周围，与含铁矿物紧密相邻。观察图 2-20 (b) 中 P、Ca 元素的分布区域，可以发现 P 元素与 Ca 元素重合部分（磷灰石），含磷矿物周围有含 Ca 元素的脉石（云石）。由图 2-20 (c) 与 (d) 可知，Si、Al 元素与 P 元素嵌布关系紧密。因此，含磷矿物周围存在大量硅铝酸盐类脉石矿物。

选取不同的视场，在高倍条件下利用扫描电镜观察与能谱分析独居石、磷灰石的分布规律及其与周边脉石的嵌布关系，见图 2-21。图 2-21 (a) 中磷灰石与独居石为共存关系，其中既有独居石颗粒被包裹镶嵌在磷灰石颗粒中，也有独居石呈条带状分布与磷灰石紧密共

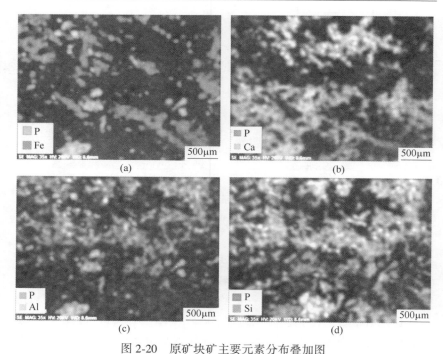

图 2-20　原矿块矿主要元素分布叠加图

（a）P-Fe 元素；（b）P-Ca 元素；（c）P-Al 元素；（d）P-Si 元素

生；同时，磷灰石、独居石与周围脉石及磁铁矿紧密相邻且界面不平整。以这种结构存在的含磷矿物很难在磨矿过程中完全解离，极易进入到铁精矿中。图 2-21（b）为磷灰石单独存在的情况，呈不规则状嵌布于脉石矿物锰白云石和闪石间隙。图 2-21（c）中，独居石呈不规则块状单独存在，被脉石矿物锰白云石所包裹。此外，图 2-21（b）与（c）中含磷矿物周围分布的含铁矿物较少或与铁矿物相距较远，在选矿过程中相对容易去除。

2.4.2　白云鄂博原矿块矿含磷矿物尺寸与嵌布关系

利用图像处理软件 Image Pro-Plus 对白云鄂博原矿块矿中含磷矿物（120 个样本）尺寸进行统计，得到含磷矿物的平均直径为51.66μm，具体尺寸分布如图 2-22 所示。含磷矿物中粒度小于 45μm的个数最多占 52.94%，随着尺寸范围由 45～75μm 增大到 150～

(a) (b) (c)

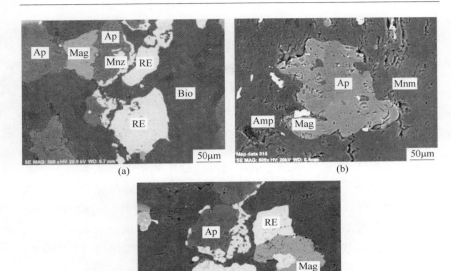

图 2-21 块矿嵌布关系 SEM 形貌

（a）~（c）对应不同的视场

Mag—磁铁矿；Ap—磷灰石；Mnz—独居石；

Amp—闪石；RE—氟碳铈矿；Mnm—锰白云石；Bio—黑云母

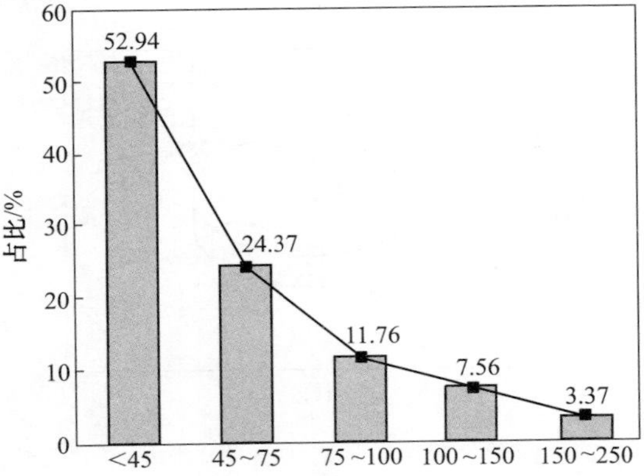

图 2-22 白云鄂博原矿块矿中含磷矿物的尺寸分布

250μm，含磷矿物的个数依次减少，由 24.37%减少到 3.37%。由此可见，白云鄂博矿中含磷矿物的粒度大多较细，大颗粒的含磷矿物较少。

图 2-23 所示为独居石与磷灰石分布关系、含磷矿物与含铁矿物及周围脉石嵌布关系、脉石种类及所占比例的统计结果。由图 2-23（a）可知，独居石与磷灰石既可以包裹与相邻两种形式共生，又可以单独存在，其中以共生关系存在的含磷矿物占 40%，单独存在占60%。图 2-23（b）反映出含磷矿物与含铁矿物的分布关系，其中两者相邻占 56%，不相邻占 44%，即多数含磷矿物分布在含铁矿物周围。这会导致含磷矿物在磨矿中难以与含铁矿物解离，进而容易进入铁精矿中。图 2-23（c）所示含磷矿物周围的脉石成分有碳酸盐类云石矿物、硅酸盐类闪石矿物、硅铝酸盐类云母矿物，分别占 48%、

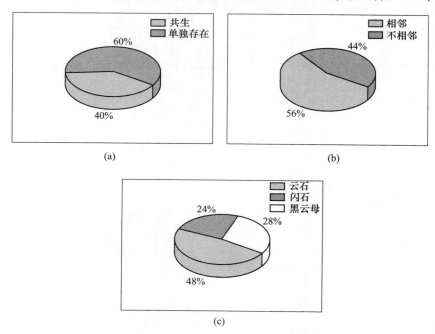

图 2-23　白云鄂博原矿块矿中含磷矿物嵌布关系统计
（a）独居石与磷灰石分布；（b）含磷矿物与含铁矿物分布；
（c）含磷矿物周围脉石分布

24%、28%，且碳酸盐类云石矿物分布最多。因此，可选择合适的脱磷剂去除含磷矿物周围的脉石包裹，增大碳热还原过程中脱磷反应的接触面积，进而实现高效脱磷。

本 章 小 结

本章针对白云鄂博矿中磷的赋存状态进行研究，利用化学分析法、X射线衍射仪、扫描电镜及能谱仪辅以矿物分析系统探明白云鄂博原矿、铁精矿及选铁尾矿的主要化学成分与矿物组成；通过将原矿、铁精矿、选铁尾矿粒度分级后进行成分分析，探明三种矿粉的粒度对含磷量、铁品位的影响；对白云鄂博原矿块矿不同扫描电镜视场的观测与统计，得到原矿中含磷矿物与含铁矿物和其他脉石的嵌布关系。探明白云鄂博矿中磷的赋存状态，可为以白云鄂博矿为原料的碳热还原脱磷研究奠定基础。具体结论如下：

（1）白云鄂博原矿、铁精矿以及选铁尾矿中的磷元素均以独居石和磷灰石（含氟磷灰石）的形式存在。原矿含磷矿物独居石中磷元素占35.56%，磷灰石中磷元素占64.44%。铁精矿独居石和磷灰石中的磷元素含量分别占15.38%和84.62%。选铁尾矿含磷矿物独居石和磷灰石中的磷元素占比分别为39.19%、60.81%。因此，脱除以磷灰石形式存在的磷是白云鄂博矿脱磷的关键。

（2）随着白云鄂博原矿粒度的减小，铁品位由39.80%降低到20.40%，而磷含量呈升高趋势。这是由于矿石中铁矿物的硬度大于脉石矿物硬度，经机械破碎，脉石矿物被破碎得较为彻底，细粒度的矿粉中脉石成分较多，故磷含量较高，铁矿物较难破碎，在粗粒度矿粉中铁含量较高。铁精矿随着粒度的减小，铁品位由56.20%升高到67.60%，同时磷的含量由0.122%降低至0.044%。选矿过程粒度越细，铁矿物与有害元素分离越彻底，可以降低精矿中磷的含量，提高铁品位。不同粒度的选铁尾矿全铁含量在10.00%~13.30%范围内波动，其铁品位与粒度之间并无直接关系，在较细的尾矿颗粒中，磷含量相对较高。

（3）利用扫描电镜对白云鄂博原矿进行观察可知矿石中含磷矿物大多分布在含铁矿物周围，含磷矿物独居石和磷灰石既可相互共生，也可单独存在。含磷矿物被脉石包裹，脉石成分有云石类矿物（碳酸盐）、闪石类矿物（硅酸盐）以及云母类矿物（硅铝酸盐），其中含磷矿物周围脉石中，云石类矿物较多，占48%。含磷矿物的平均直径为51.66μm，且粒度大多较细，大颗粒的含磷矿物较少。

3 白云鄂博矿中含磷矿物与脉石矿物的有效分离

基于白云鄂博矿中磷的赋存状态，本章对原矿、铁精矿中含磷矿物与脉石矿物的有效分离进行研究。在 FactSage 热力学计算的基础上利用 XRD、SEM-EDS 分析手段，研究了添加剂种类、用量对真空碳管炉焙烧产物物相组成与微观结构的影响，以及含磷矿物在脉石中的分布状态，以确定适宜的添加剂类型及最佳用量，保证含磷矿物从脉石中裸露出来，为后续碳热还原过程中磷的气化脱除提供良好的动力学条件。

3.1 实验原料与方法

3.1.1 实验原料

本实验所用原料为包钢选矿厂提供的白云鄂博原矿和铁精矿，其主要化学成分如表 3-1、表 3-2 所示。

表 3-1 白云鄂博矿原矿主要化学成分　　（wt%）

化学成分	TFe	FeO	CaO	SiO$_2$	MgO	K$_2$O	Na$_2$O	Al$_2$O$_3$	F	S	P
含量	31.70	12.25	14.90	10.97	1.97	0.35	0.49	1.00	4.50	1.72	0.91

表 3-2 白云鄂博铁精矿主要化学成分　　（wt%）

化学成分	TFe	FeO	CaO	SiO$_2$	MgO	K$_2$O	Na$_2$O	Al$_2$O$_3$	F	S	P
含量	63.00	27.00	1.58	5.28	0.83	0.14	0.23	0.50	0.52	1.80	0.08

本实验所用还原剂为焦炭，工业分析得到的化学成分见表 3-3。

表 3-3 焦炭工业分析化学成分　　（%）

F_{cad}	A_d	V_{daf}	S_{td}	CaO	SiO$_2$	Al$_2$O$_3$	P
86.84	12.21	1.21	0.96	0.74	6.77	2.67	0.097

注：F_{cad}—固定碳含量；A_d—灰分；V_{daf}—挥发分；S_{td}—硫分。

本实验使用的化学试剂主要有 Na_2CO_3、SiO_2 分析纯（>99.8%）试剂。

3.1.2　实验方法

本章研究内容主要利用 FactSage 热力学计算与真空碳管炉实验来完成，图 3-1 为真空碳管炉示意图，在焙烧过程中采用 Ar 气保护，气压为 0.09MPa。

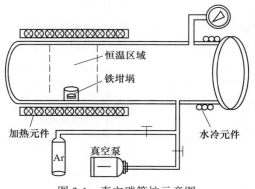

图 3-1　真空碳管炉示意图

本节所采用的主要研究方法如下：

（1）FactSage 热力学计算。

利用 FactSage 热力学软件计算含磷矿物周围脉石成分与添加化学试剂发生反应的标准吉布斯自由能变化与温度之间的关系（$\Delta G^{\ominus}$-T），以确定合适的添加剂种类，以及不同添加剂用量对平衡状态下焙烧产物物相组成的影响。

（2）X 射线衍射分析。

将焙烧产物在玛瑙研钵中研磨成小于 0.074mm 的粉末样品，进行 XRD（Rigaku，MiniFlex600，Japan）物相分析。检测条件为：以 Cu（K_α）靶为靶材，工作电压 40kV，工作电流 15mA，测试角度 2θ 为 10°~90°，步长 0.02°/min。利用 MDI Jade6.0 软件对衍射数据中不同衍射峰的强度和位置与标准卡片进行比对，确定焙烧产物的物相组成。

（3）扫描电镜观察分析。

将焙烧产物冷镶后机械研磨、抛光、喷金，再利用 SEM（Zeiss Sigma 500，Germany）和 EDS（Bruker，Germany）观察分析焙烧样品的形貌、元素分布等特征。结合 FactSage 热力学计算结果与 XRD 物相分析结果确定实现原矿、铁精矿中含磷矿物与周围脉石有效分离的适宜化学试剂用量。

3.2 原矿中含磷矿物与脉石矿物的有效分离

白云鄂博原矿中包裹含磷矿物的主要脉石种类有萤石、石英、碳酸盐矿物（白云石和方解石）、硅铝酸盐以及硅酸盐矿物（辉石、闪石、云母）等。基于该矿中磷的赋存状态，并结合有关高磷鲕状赤铁矿直接还原脱磷的文献报道[60~62]可知，通过添加化学试剂 Na_2CO_3 或 Na_2SO_4，可与包裹含磷矿物的脉石发生反应，使含磷矿物在脉石相中裸露出来，有利于碳热还原气化脱除矿石中的磷元素。

3.2.1 原矿中添加化学试剂热力学分析

利用 FactSage 热力学软件中 Reaction 模块计算标准状态下化学试剂 Na_2CO_3、Na_2SO_4 与脉石矿物 Al_2O_3、SiO_2 发生反应的吉布斯自由能变化与温度的关系（$\Delta G^{\ominus}$-T），确定各化学反应的开始温度，并从热力学角度分析添加化学试剂与脉石矿物的相互作用。计算结果如下：

$$Na_2CO_3 + Al_2O_3 + 2SiO_2 = 2NaAlSiO_4 + CO_2(g)$$
$$(3-1)$$

$$\Delta_r G_1^{\ominus} = -182.8T + 3516 < 0$$

$$Na_2SO_4 + Al_2O_3 + 2SiO_2 + CO = 2NaAlSiO_4 + SO_2(g) + CO_2(g)$$
$$(3-2)$$

$$\Delta_r G_2^{\ominus} = -210.9T + 67937 \quad T_{开} = 322K$$

由上述计算结果可知，添加剂 Na_2CO_3 或 Na_2SO_4 均能在较低温度下与脉石 SiO_2 和 Al_2O_3 反应生成低熔点化合物 $NaAlSiO_4$，进而破坏脉石包裹，促进含磷矿物与脉石矿物的有效分离。与 Na_2CO_3 相比，Na_2SO_4 与脉石反应需要消耗还原剂 CO，且产物中含有 SO_2 有害气体会对环境造成污染。因此，从热力学角度分析选择 Na_2CO_3 试剂作为分离含磷矿物与脉石矿物的添加剂。

3.2.2　不同添加剂用量对原矿焙烧产物物相组成的影响

基于 FactSage 热力学计算结果，本研究选用包钢选矿厂提供的白云鄂博原矿作为实验原料并进行筛分（粒度<74μm），分别添加3%、5%、8%、10%碳酸钠分析纯试剂，在1050℃焙烧60min。为了解不同 Na_2CO_3 用量对焙烧过程中物相转变的影响，对其产物进行 XRD 分析，结果如图 3-2 所示。

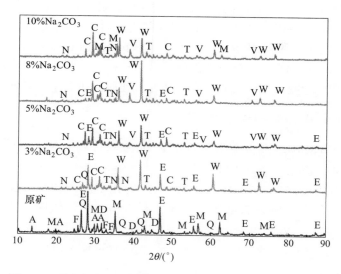

图 3-2　不同碳酸钠添加量条件下原矿焙烧产物 XRD 衍射图谱

A—$NaFeSi_2O_6$；C—$Ca_4Si_2O_7F_2$；D—$CaMg(CO_3)_2$；

E—CaF_2；F—$Ca_5(PO_4)_3F$；M—Fe_3O_4；N—$NaAlSiO_4$；

Q—SiO_2；T—FeS；V—NaF；W—FeO

由 XRD 结果可知，添加 Na_2CO_3 纯试剂得到的焙烧产物物相种类较原矿物相更为简单。随着 Na_2CO_3 用量的不断增加，SiO_2 和 CaF_2 衍射峰将逐渐消失，同时生成 $NaAlSiO_4$、$Ca_4Si_2O_7F_2$、NaF 等新物相，且 $NaAlSiO_4$ 和 $Ca_4Si_2O_7F_2$ 衍射峰强度随着 Na_2CO_3 用量的增加逐渐加强。当 Na_2CO_3 用量为 3% 时，SiO_2 和 CaF_2 的衍射强度较原矿弱，且在焙烧产物中检测到 $NaAlSiO_4$ 和 $Ca_4Si_2O_7F_2$ 等新物相生成；Na_2CO_3 与脉石 Al_2O_3 和 SiO_2 反应生成 $NaAlSiO_4$，使得焙烧产物中石英衍射强度减弱，出现 $NaAlSiO_4$ 新物相的衍射峰；而 CaF_2 与 CaO 和 SiO_2 之间反应生成新物相 $Ca_4Si_2O_7F_2$，故 CaF_2 和 SiO_2 的衍射强度减弱的同时出现 $Ca_4Si_2O_7F_2$ 新的衍射峰。当 Na_2CO_3 用量增加到 5% 以上，SiO_2 衍射峰消失，CaF_2 衍射峰强度逐渐减弱，$Ca_4Si_2O_7F_2$ 和 NaF 的衍射峰强度逐渐增强；其中，NaF 相是由 Na_2CO_3 与 CaF_2 反应得到的，所以，CaF_2 衍射峰强度随着 Na_2CO_3 添加量的增大逐渐减弱，NaF 衍射峰强度逐渐增强。由于焙烧产物中含磷矿物较少且结晶性差，在 X 射线衍射结果中并未检测到该相。因此，为了进一步确定含磷矿物与其周围脉石矿物的分布特征，需对焙烧产物的微观结构以及元素 P、Si、Al 的分布进行观察分析。

3.2.3 不同添加剂用量对原矿焙烧产物微观结构的影响

结合不同 Na_2CO_3 用量条件下焙烧产物的物相组成，利用 SEM-EDS 对焙烧产物的矿相形貌与元素 P、Al、Si 分布进行观察分析，结果如图 3-3 所示。从微观结构进一步探究不同添加量对含磷矿物与周围嵌布的脉石矿物分离状态的影响，从而确定最佳的 Na_2CO_3 添加量。

从 SEM-EDS 结果可以看出，当添加剂 Na_2CO_3 用量为 3% 时，元素 P 的分布较为分散，而元素 Si 和 Al 的分布较为集中；观察发现在焙烧产物中元素 P 的聚集区域与元素 Si 和 Al 聚集区域基本呈现包裹状态，其分布特征与原矿中 P 元素的分布一致，含磷矿物并没有从脉石相中裸露出来。当 Na_2CO_3 用量增加到 5% 时，从元素 P、Si、Al 的面扫分布中观察到 P 的聚集区域分布在元素 Si 和 Al 的聚集区域之间，呈现交织分布特征，可使含磷矿物从元素 Si 和 Al 的脉石相中裸露出来，在后续碳热还原过程中能够与还原剂更好地接触，有利于含磷矿物的气化脱除。随着 Na_2CO_3 用量进一步增加到 8% 以上，元素 P 的聚集区域与元素 Si 和 Al 聚集区域相嵌分布。结合焙烧产物 XRD 分析结果可知，出现这种现象是由于随着 Na_2CO_3 添加量的增多，高

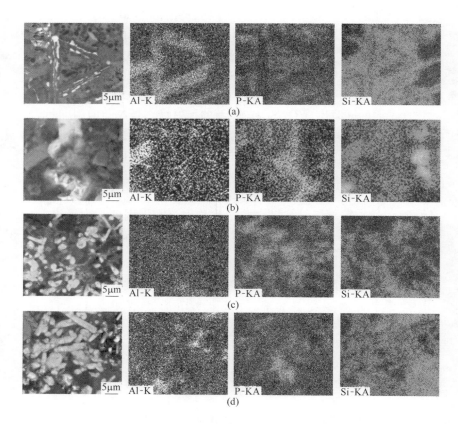

图 3-3 不同 Na_2CO_3 添加量条件下焙烧产物
SEM 形貌与元素 Al、P、Si 面扫分析
（a）3%；（b）5%；（c）8%；（d）10%

熔点化合物 $Ca_4Si_2O_7F_2$ 生成量逐渐增加，使得液相流动性逐渐恶化，在冷却过程中未能使含磷矿物从脉石相中裸露出来。由此说明，含磷矿物在脉石中裸露的情况下，要严格控制液相中生成的 $Ca_4Si_2O_7F_2$ 含量。

综合上述分析可知，当 Na_2CO_3 用量为 5% 时，能够使得含磷矿物与脉石矿物有效分离，使其在脉石相中充分裸露出来，为实现磷的气化脱除提供良好的动力学条件。

3.3 铁精矿中含磷矿物与脉石矿物的有效分离

在白云鄂博铁精矿矿粉（粒度<74μm）中配加焦粉20%、SiO_2 纯试剂3%，分别添加1%、2%、3%、4%、5%Na_2CO_3 分析纯试剂，将配料放入球磨机中混匀后配加8%的去离子水搅拌，称取5g放入手动压片机内，以5MPa恒压2min制片，干燥后采用真空碳管炉在氩气保护下焙烧，焙烧温度1050℃，时间60min（确保反应充分发生，尽可能接近热力学平衡），气压0.09MPa。利用FactSage热力学软件、XRD、SEM-EDS对比分析不同Na_2CO_3 添加量对铁精矿焙烧产物物相组成与微观结构的影响，从而确定最佳Na_2CO_3 试剂用量。

3.3.1 不同添加剂用量对铁精矿焙烧产物物相组成的影响

不同Na_2CO_3 添加量对焙烧产物平衡状态下物相组成的影响如图3-4所示。由图可知，随着Na_2CO_3 添加量由1%增加到5%，磷灰石的还原温度由1100℃降低到1000℃。同时，Na_2CO_3 与脉石中的CaO、SiO_2 反应生成$Na_2CaSi_5O_{12}$，有利于含磷矿物的还原。然而，随着Na_2CO_3 添加量增加，Fe_2SiO_4 质量分数减小，含磷气体与金属铁容易结合生成的Fe_xP 增加，不利于气化脱磷。

对不同Na_2CO_3 添加量得到的焙烧产物进行X射线衍射分析，结果如图3-5所示。由图可知，焙烧产物中铁相主要由Fe、Fe_3C 和Fe_2SiO_4 组成，脉石相为Ca_2SiO_4、Fe_2SiO_4、$Na_2CaSi_5O_{12}$、$NaAlSiO_4$。随着Na_2CO_3 添加量的增加，产物中$Na_2CaSi_5O_{12}$ 衍射峰强度明显增加，在焙烧温度下不能融化为液相，动力学条件恶化，使得磷蒸气上浮排出较难，气化脱磷率降低。

3.3.2 不同添加剂用量对铁精矿焙烧产物微观结构的影响

不同Na_2CO_3 添加量对烧结过程中焙烧产物微观结构的影响如图3-6所示。

由面扫结果可以看出，当Na_2CO_3 添加量为1%、3%时，P元素呈点状分布于铁相和脉石相中。当Na_2CO_3 添加量增加到5%时，P

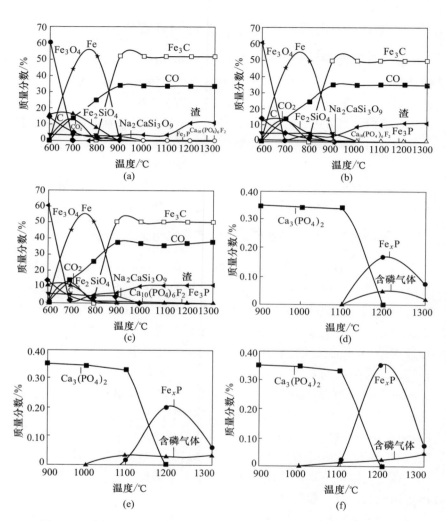

图 3-4　不同 Na_2CO_3 添加量对铁精矿平衡状态下焙烧产物组成的影响

(a) (d) 1%；(b) (e) 3%；(c) (f) 5%

元素分布均匀且在铁相中较为明显，这与 Na_2CO_3 和脉石反应使含磷矿物充分裸露均匀扩散有关。对不同 Na_2CO_3 添加量对应的铁精矿焙烧产物中铁的聚集区域 A、B、C 三点进行能谱分析，结果见表 3-4。

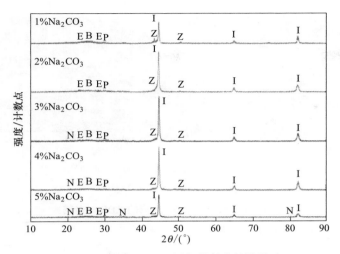

图 3-5　不同 Na_2CO_3 添加量对应的铁精矿
焙烧产物 XRD 衍射图谱

I—Fe；Z—Fe_3C；E—Fe_2SiO_4；B—Ca_2SiO_4；P—$Na_2CaSi_5O_{12}$；N—$NaAlSiO_4$

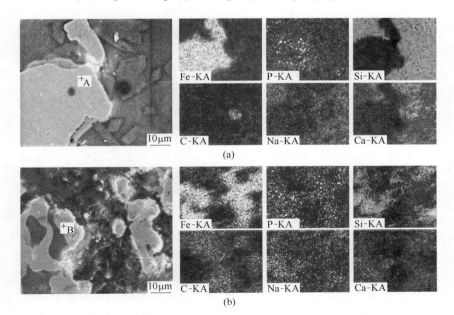

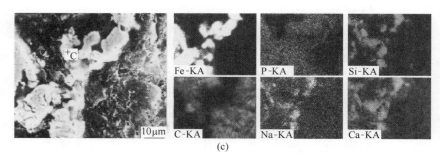

图 3-6　不同 Na_2CO_3 添加量条件下焙烧产物 SEM-EDS 分析

(a) 1%；(b) 3%；(c) 5%

表 3-4　A、B、C 点矿物对应的 EDS 能谱结果　　（wt%）

元素组成	Fe	C	P
A	95.80	3.15	1.05
B	95.58	2.98	1.44
C	94.78	3.62	1.60

　　由表中数据对比可知，增大 Na_2CO_3 添加量使得磷元素在铁相中的分布增多，这是由还原得到的磷蒸气进入铁相所导致的。综合分析 FactSage 热力学计算结果与 XRD、SEM-EDS 实验结果可知，最佳 Na_2CO_3 添加量为 1%。

本 章 小 结

　　（1）白云鄂博矿中含磷矿物与周围脉石矿物呈包裹状态，选取 Na_2CO_3 和 Na_2SO_4 作为添加剂，FactSage 热力学结果表明两者均能与脉石中的 SiO_2 和 Al_2O_3 反应生成低熔点化合物 $NaAlSiO_4$。与 Na_2CO_3 相比，Na_2SO_4 与脉石反应需要消耗还原剂 CO 且产物中含有 SO_2 有害气体，因此选择 Na_2CO_3 试剂作为分离含磷矿物与脉石矿物的添加剂。

　　（2）结合 XRD 与 SEM-EDS 分析结果可知，当 Na_2CO_3 用量为 5% 时，能有效破坏原矿中含磷矿物周围的脉石包裹结构，使含磷矿物与脉石矿物实现有效分离，有利于通过碳热还原气化脱除白云鄂博原矿中的磷元素。

（3）在白云鄂博铁精矿中添加 1% Na_2CO_3，不仅能降低脱磷反应开始温度，而且与含磷矿物周围脉石反应有利于改善动力学条件。当 Na_2CO_3 添加量进一步增加时，过量的 Na_2CO_3 与磷灰石反应生成更稳定的 Na_3PO_4，增加了还原难度。有效分离铁精矿中含磷矿物与脉石矿物最佳的 Na_2CO_3 添加量为 1%，有利于实现在碳热还原过程中磷的气化脱除。

4 白云鄂博矿碳热还原过程中脱磷反应的热力学研究

白云鄂博矿碳热还原脱磷过程中主要涉及铁氧化物与含磷矿物的还原及其与脉石之间的反应。目前，有关含磷矿物的还原热力学多是针对高磷鲕状赤铁矿提铁降磷的研究，而白云鄂博矿中矿物种类繁多且含磷矿物嵌布特征复杂，对该矿含磷矿物的还原热力学研究较少。本章利用 FactSage 热力学软件对标准状态与非标准状态下脱磷过程所涉及化学反应的吉布斯自由能变化与温度的关系进行计算，进而阐明碳热还原过程中脱磷反应的热力学机理。计算结果一方面能够为碳热还原条件（还原温度、碱度、气压等）的选择提供参考；另一方面可用来分析碳热还原条件对脱磷反应的影响机理。

4.1 标准状态下碳热还原过程中脱磷反应的热力学分析

4.1.1 标准状态下铁氧化物还原热力学分析

基于前期对白云鄂博矿中铁元素赋存状态的研究可知，该矿中铁氧化物主要由磁铁矿组成，还有少量赤铁矿。铁氧化物还原是一个从高价铁氧化物向金属铁逐级还原的过程，具体为 $Fe_2O_3 \rightarrow Fe_3O_4 \rightarrow FeO \rightarrow Fe$，各步反应的标准吉布斯自由能变化与温度的关系 $\Delta G^{\ominus}\text{-}T$（图 4-1）以及反应开始温度计算结果如下：

$$3Fe_2O_3 + C \longrightarrow 2Fe_3O_4 + CO(g) \tag{4-1}$$

$\Delta_r G_1^{\ominus} = 131056 - 222.26T$ J/mol；$T_1 = 590K$

$$Fe_3O_4 + C \longrightarrow 3FeO + CO(g) \tag{4-2}$$

$\Delta_r G_2^{\ominus} = 201237 - 206.36T$ J/mol；$T_2 = 975K$

$$FeO + C \longrightarrow Fe + CO(g) \tag{4-3}$$

$\Delta_r G_3^{\ominus} = 152543 - 152.37T$ J/mol；$T_3 = 1001K$

$$1/4Fe_3O_4 + C \Longrightarrow 3/4Fe + CO(g) \tag{4-4}$$

$$\Delta_r G_4^\ominus = 164717 - 165.87T \text{ J/mol}; \quad T_4 = 993K$$

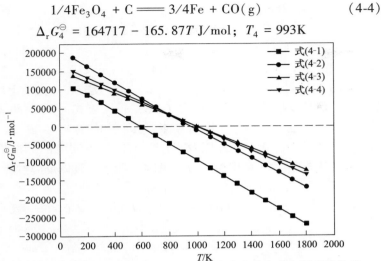

图4-1 反应式（4-1）~式（4-4）标准吉布斯自由能变化与温度的关系

由于白云鄂博矿中含有 CaO、CaF_2、SiO_2、Al_2O_3 等脉石成分，而在铁氧化物逐级还原过程中 FeO→Fe 最难发生，因此，SiO_2、Al_2O_3 还能与未还原的 FeO 反应生成铁橄榄石 Fe_2SiO_4 和铁尖晶石 $FeAl_2O_4$，如式（4-5）、式（4-6）所示。反应式（4-5）、式（4-6）及式（4-3）标准吉布斯自由能变化与温度的关系如图4-2所示。

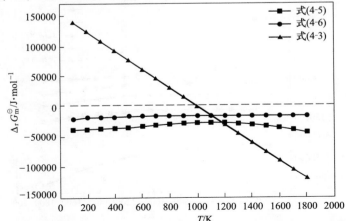

图4-2 反应式（4-5）、式（4-6）及式（4-3）标准吉布斯自由能变化与温度的关系

$$2FeO + SiO_2 \rightleftharpoons Fe_2SiO_4 \quad (4\text{-}5)$$

$$\Delta_r G_5^\ominus = -30437 - 16.38T \text{ J/mol} < 0$$

$$FeO + Al_2O_3 \rightleftharpoons FeAl_2O_4 \quad (4\text{-}6)$$

$$\Delta_r G_6^\ominus = -15686 - 0.46T \text{ J/mol} < 0$$

从图 4-2 可以看出，FeO 与 SiO$_2$ 和 Al$_2$O$_3$ 反应在热力学上均可自发进行，而且反应式 (4-5) 和式 (4-6) 较反应式 (4-3) 更容易发生。此外，白云鄂博矿中脉石矿物之间反应能够生成 Ca$_2$SiO$_4$、CaAl$_2$O$_4$、CaSiO$_3$、Mg$_2$SiO$_4$ 以及 Ca$_4$Si$_2$O$_7$F$_2$，各反应的标准吉布斯自由能变化与温度的关系 $\Delta G^\ominus$ -T 如图 4-3 所示，具体反应过程如下：

$$2CaO + SiO_2 \rightleftharpoons Ca_2SiO_4 \quad (4\text{-}7)$$

$$\Delta_r G_7^\ominus = -119946 - 13.95T \text{ J/mol} < 0$$

$$CaO + Al_2O_3 \rightleftharpoons CaAl_2O_4 \quad (4\text{-}8)$$

$$\Delta_r G_8^\ominus = -15135 - 21.86T \text{ J/mol} < 0$$

$$CaO + SiO_2 \rightleftharpoons CaSiO_3 \quad (4\text{-}9)$$

$$\Delta_r G_9^\ominus = -81843 - 13.47T \text{ J/mol} < 0$$

$$2MgO + SiO_2 \rightleftharpoons Mg_2SiO_4 \quad (4\text{-}10)$$

$$\Delta_r G_{10}^\ominus = -56566 - 11.83T \text{ J/mol} < 0$$

$$CaF_2 + 3CaO + 2SiO_2 \rightleftharpoons Ca_4Si_2O_7F_2 \quad (4\text{-}11)$$

$$\Delta_r G_{11}^\ominus = -197704 - 42.36T \text{ J/mol} < 0$$

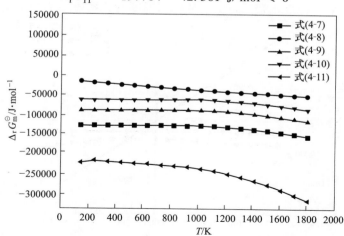

图 4-3　反应式 (4-7) ~式 (4-11) 标准吉布斯自由能变化与温度的关系

从图 4-3 可以看出，在标准状态下脉石之间的反应可自发进行，因此，碳热还原过程生成的液相中有 Ca_2SiO_4、$CaAl_2O_4$ 和 $Ca_4Si_2O_7F_2$ 等物质。

在碳热还原过程中因配碳量高，所以生成的低熔点物相 Fe_2SiO_4 和 $FeAl_2O_4$ 易被直接还原出金属铁，各步反应的标准吉布斯自由能变化与温度的关系如图 4-4 所示。具体反应式及开始温度如下：

$$Fe_2SiO_4 + C = 2Fe + SiO_2 + 2CO(g) \tag{4-12}$$
$$\Delta_r G_{12}^{\ominus} = 338587 - 305.43T \text{ J/mol}; \quad T_{12} = 1109K$$
$$FeAl_2O_4 + C = Fe + Al_2O_3 + CO(g) \tag{4-13}$$
$$\Delta_r G_{13}^{\ominus} = 170782 - 153.82T \text{ J/mol}; \quad T_{13} = 1110K$$
$$Fe_2SiO_4 + 2C + CaO = 2Fe + CaSiO_3 + 2CO(g) \tag{4-14}$$
$$\Delta_r G_{14}^{\ominus} = 256744 - 318.90T \text{ J/mol}; \quad T_{14} = 805K$$
$$FeAl_2O_4 + C + CaO = Fe + CaAl_2O_4 + CO(g) \tag{4-15}$$
$$\Delta_r G_{15}^{\ominus} = 155647 - 175.68T \text{ J/mol}; \quad T_{15} = 886K$$

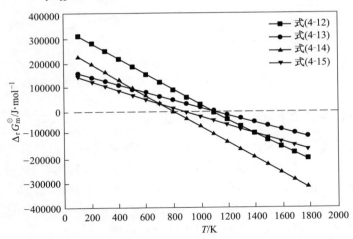

图 4-4 反应式 (4-12) ~式 (4-15) 标准吉布斯自由能变化与温度的关系

将反应式 (4-12)、式 (4-13) 与反应式 (4-3) $\Delta G^{\ominus}$-T 比较发现，从热力学角度而言，脉石成分中 SiO_2、Al_2O_3 与 FeO 反应生成的铁橄榄石、铁尖晶石直接还原反应较浮氏体的还原更难，反应的开始温度更高。因此，铁橄榄石、铁尖晶石的生成能够有效抑制金属铁的形成，减少脱磷反应生成的磷蒸气进入金属铁相中，有利于气化脱磷率的提高。但在 CaO 参与还原反应的情况下，铁橄榄石、铁尖晶石的还原较 FeO 容易，因此，铁橄榄石和铁尖晶石并非必然产物。事实上，在 CaO 存在情况下，脉石成分中 SiO_2、Al_2O_3 优先与 CaO 反应，如图 4-5 所示，CaO 能够抑制铁橄榄石和铁尖晶石的生成。因此，适当降低碱度有利于改善碳热还原过程中的气化脱磷率。

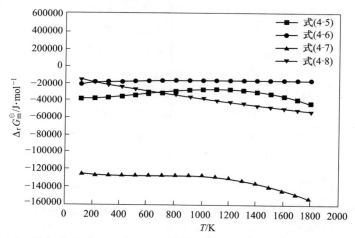

图 4-5　反应式（4-5）~式（4-8）标准吉布斯自由能变化与温度的关系

4.1.2　标准状态下含磷矿物还原热力学分析

白云鄂博矿中含磷矿物由磷灰石（含氟磷灰石）和独居石组成，且磷灰石含量较独居石高。不同于其他高磷铁矿，独居石是白云鄂博矿中独有的稀土矿物，也是可回收的稀土资源。但在研究磷灰石还原热力学之前，需考虑到独居石在还原过程中的行为，以揭示出白云鄂博矿中含磷矿物在碳热还原过程中的反应机理。

独居石是一种富含稀土元素且能稳定存在的磷酸盐矿物，在 900℃ 以下无明显分解反应，但在有 CaO 参与反应的情况下，$REPO_4$ 在 620~700℃ 可发生分解反应生成 RE_2O_3 和 $Ca_3(PO_4)_2$ [73]。反应式如下：

$$2REPO_4 + 3CaO \Longrightarrow Ca_3(PO_4)_2 + RE_2O_3 \qquad （式4-16）$$

白云鄂博矿中富含萤石矿物，当 CaF_2 与 CaO 共同存在时，$REPO_4$ 在 600~800℃就能分解生成 RE_2O_3 和 $Ca_{10}(PO_4)_6F_2$，反应如式（4-17）所示。此外，白云鄂博矿中含有一定量的方解石和白云石，其主要成分为 $CaCO_3$。$CaCO_3$ 的分解温度在850℃以上，但它在800℃能够与 $REPO_4$ 发生反应，如式（4-18）所示。同样，$CaCO_3$ 与 CaF_2 共存也能促进 $REPO_4$ 分解，反应如式（4-19）所示[74]。

$$6REPO_4 + 9CaO + CaF_2 \Longrightarrow Ca_{10}(PO_4)_6F_2 + 3RE_2O_3 \quad （4-17）$$

$$2REPO_4 + 3CaCO_3 \Longrightarrow Ca_3(PO_4)_2 + RE_2O_3 + 3CO_2$$
$$（4-18）$$

$$6REPO_4 + 9CaCO_3 + CaF_2 \Longrightarrow Ca_{10}(PO_4)_6F_2 + 3RE_2O_3 + 9CO_2$$
$$（4-19）$$

综上，在碳热还原过程中，独居石中的磷元素易迁移到磷灰石中，因此，脱除以磷灰石形式存在的磷元素是提高气化脱磷率的关键。

利用 FactSage 热力学软件中 Equilib 模块计算 $Ca_{10}(PO_4)_6F_2$、$Ca_3(PO_4)_2$ 直接还原反应的标准吉布斯自由能变化与温度的关系，判断在一定条件下磷灰石能否被还原。此外，磷灰石的还原与脉石成分 SiO_2、Al_2O_3 以及添加剂 Na_2CO_3 有关，因此，需要考虑这些因素对含磷矿物还原的影响。$Ca_{10}(PO_4)_6F_2$ 直接还原反应 $\Delta G^{\ominus}$-T 如图4-6所示。

$$Ca_{10}(PO_4)_6F_2 + 15C \Longrightarrow CaF_2 + 3P_2 + 15CO + 9CaO$$
$$（4-20）$$

$$\Delta_r G_{20}^{\ominus} = 5626020 - 3273.61T \text{ J/mol}; \quad T_{20} = 1719K$$

$$Ca_{10}(PO_4)_6F_2 + 15C + 4.5SiO_2 \Longrightarrow CaF_2 + 3P_2 + 15CO + 4.5Ca_2SiO_4$$
$$（4-21）$$

$$\Delta_r G_{21}^{\ominus} = 5083880 - 3325.12T \text{ J/mol}; \quad T_{21} = 1529K$$

$$Ca_{10}(PO_4)_6F_2 + 15C + 6SiO_2 \Longrightarrow CaF_2 + 3P_2 + 15CO + 3Ca_3Si_2O_7$$
$$（4-22）$$

$$\Delta_r G_{22}^{\ominus} = 4998830 - 3365.48T \text{ J/mol}; \quad T_{22} = 1485K$$

$$Ca_{10}(PO_4)_6F_2 + 15C + 9SiO_2 \Longrightarrow CaF_2 + 3P_2 + 15CO + 9CaSiO_3$$
$$（4-23）$$

$$\Delta_r G_{23}^{\ominus} = 4888230 - 3375.90T \text{ J/mol}; \quad T_{23} = 1448K$$

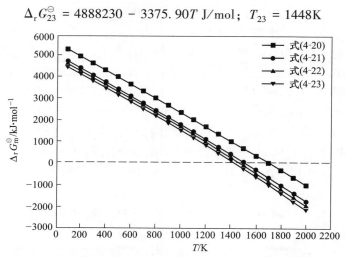

图 4-6　反应式（4-20）~式(4-23) 标准吉布斯自由能变化与温度的关系

从图 4-6 可以看出，未添加 SiO_2 时，氟磷灰石很难被还原。随着 SiO_2 含量逐渐增加，氟磷灰石的还原开始温度由 1719K 降低至 1448K。显然，添加 SiO_2 有利于碳热还原过程磷的气化脱除。此外，文献报道[75]氟磷灰石在高温下可发生分解反应，具体反应式如下所示。

$$Ca_{10}(PO_4)_6F_2 \Longrightarrow 3Ca_3(PO_4)_2 + CaF_2 \tag{4-24}$$
$$\Delta_r G_{24}^{\ominus} = 484525 - 342.18T \text{ J/mol}; \quad T_{24} = 1416K$$

白云鄂博矿在加热过程中含磷矿物独居石分解产生磷灰石或氟磷灰石，而氟磷灰石在高温下又分解出磷灰石。因此，磷灰石在碳热还原中的热力学分析对于脱磷机理的研究尤为重要，所涉及反应的 $\Delta G^{\ominus}$-T 如图 4-7、图 4-8 所示。

$$Ca_3(PO_4)_2 + 5C \Longrightarrow 3CaO + P_2(g) + 5CO(g) \tag{4-25}$$
$$\Delta_r G_{25}^{\ominus} = 1795290 - 1039.06T \text{ J/mol}; \quad T_{25} = 1728K$$
$$Ca_3(PO_4)_2 + 5C + 3SiO_2 \Longrightarrow 3CaSiO_3 + P_2(g) + 5CO(g) \tag{4-26}$$
$$\Delta_r G_{26}^{\ominus} = 1549350 - 1073.15T \text{ J/mol}; \quad T_{26} = 1444K$$
$$Ca_3(PO_4)_2 + 5C + 2SiO_2 \Longrightarrow Ca_3Si_2O_7 + P_2(g) + 5CO(g)$$

$$\tag{4-27}$$

$$\Delta_r G_{27}^{\ominus} = 1586220 - 1069.68T \text{ J/mol}; \quad T_{27} = 1483K$$

$$2Ca_3(PO_4)_2 + 10C + 3SiO_2 \Longrightarrow 3Ca_2SiO_4 + 2P_2(g) + 10CO(g)$$

$$(4\text{-}28)$$

$$\Delta_r G_{28}^{\ominus} = 3229140 - 2112.45T \text{ J/mol}; \quad T_{28} = 1529K$$

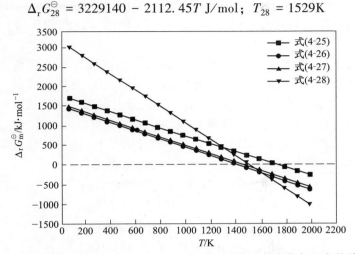

图 4-7　反应式（4-25）~式（4-28）标准吉布斯自由能变化与温度的关系

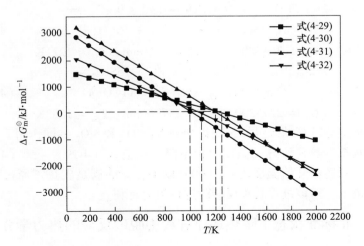

图 4-8　反应式（4-29）~式（4-32）标准吉布
斯自由能变化与温度的关系

比较反应式（4-25）~式（4-28）标准吉布斯自由能变化与温度的关系以及反应开始温度可知，添加 SiO_2 能有效降低气化脱磷反应的开始温度；且随着 SiO_2 与 $Ca_3(PO_4)_2$ 计量系数比值由 1.5 增加到 3，脱磷反应的开始温度由 1529K 降低到 1444K。因此，从热力学角度出发，在原矿或铁精矿中适当添加 SiO_2 降低碱度，有利于磷的气化脱除。

结合白云鄂博矿中含铁矿物、含磷矿物以及脉石之间的嵌布特征，在原矿、铁精矿中分别添加 5%、1% Na_2CO_3 分析纯试剂（参见第 3 章），能够有效去除含磷矿物周围的脉石包裹，使其从脉石中裸露出来，有利于改善气化脱磷反应的动力学条件。此外，Na_2CO_3 还能参与脱磷反应，降低还原反应发生的开始温度。具体反应如下：

$$Ca_3(PO_4)_2 + Na_2CO_3 + 6C + 6SiO_2 =\!=\!=$$
$$Na_2Ca_3Si_6O_{16} + P_2(g) + 7CO(g) \qquad (4\text{-}29)$$
$$\Delta_r G_{29}^{\ominus} = 1574180 - 1267.35T \text{ J/mol}; \ T_{29} = 1242K$$

$$Ca_3(PO_4)_2 + 6Na_2CO_3 + 11C + 9SiO_2 =\!=\!=$$
$$3Na_4CaSi_3O_9 + P_2(g) + 17CO(g) \qquad (4\text{-}30)$$
$$\Delta_r G_{30}^{\ominus} = 3164490 - 3110.93T \text{ J/mol}; \ T_{30} = 1017K$$

$$2Ca_3(PO_4)_2 + 3Na_2CO_3 + 13C + 9SiO_2 =\!=\!=$$
$$3Na_2Ca_2Si_3O_9 + 2P_2(g) + 16CO(g) \qquad (4\text{-}31)$$
$$\Delta_r G_{31}^{\ominus} = 3514880 - 2903.63T \text{ J/mol}; \ T_{31} = 1211K$$

$$Ca_3(PO_4)_2 + 3Na_2CO_3 + 8C + 15SiO_2 =\!=\!=$$
$$3Na_2CaSi_5O_{12} + P_2(g) + 11CO(g) \qquad (4\text{-}32)$$
$$\Delta_r G_{32}^{\ominus} = 2275390 - 2142.53T \text{ J/mol}; \ T_{32} = 1062K$$

从上述计算结果可知，在添加剂 Na_2CO_3 和 SiO_2 共同作用下，使得磷灰石碳热还原开始温度大幅下降。反应式（4-29）~式（4-32）中磷灰石还原开始温度均在 1000℃ 以下，能够满足碳热还原过程的温度范围，对该过程脱磷反应的进行极为有利。

4.2　非标准状态下碳热还原过程中脱磷反应的热力学分析

碳热还原采用负压（0.09MPa）操作，并非在 0.1MPa 下（标准状态）进行，因此，本章利用 FactSage 热力学软件计算了非标准状态下碳热还原过程中 CO、CO_2、P_2 的分压（如表4-1所示）。基于标准状态下的热力学计算结果得到非标态下化学反应的自由能变化值，再通过线性拟合的方法得到 1000~2000K 温度范围内气化脱磷过程所涉及的化学反应的非标准吉布斯自由能变化与温度的关系，如图4-9所示。

表 4-1　非标准状态下碳热还原过程中 CO、CO_2、P_2 的分压　（MPa）

温度/K	p_{CO}	p_{CO_2}	p_{P_2}
1000	0.06514	0.02486	1.0000×10^{-6}
1100	0.08363	0.00637	1.4200×10^{-6}
1200	0.08847	0.00153	2.6700×10^{-6}
1300	0.08956	4.2800×10^{-4}	8.4201×10^{-6}
1400	0.08981	1.4300×10^{-4}	4.3113×10^{-5}
1500	0.08976	5.5300×10^{-5}	1.4100×10^{-4}
1600	0.08960	2.4100×10^{-5}	3.7590×10^{-4}
1700	0.08902	1.1500×10^{-5}	0.00108
1800	0.08667	6.4400×10^{-6}	0.00332
1900	0.08300	3.0100×10^{-6}	0.00700
2000	0.08100	2.1601×10^{-6}	0.00900

$$Na_2CO_3 + Al_2O_3 + 2SiO_2 == 2NaAlSiO_4 + CO_2(g) \quad (4\text{-}33)$$
$$\Delta_r G_{33} = -351.72T + 164332 \text{J/mol}; \quad T_{33} = 467\text{K}$$
$$3CaO + 2SiO_2 + CaF_2 == Ca_4Si_2O_7F_2 \quad (4\text{-}34)$$
$$\Delta_r G_{34} = -42.4T - 197704 \text{J/mol} < 0$$
$$Fe_3O_4 + C == 3FeO + CO(g) \quad (4\text{-}35)$$
$$\Delta_r G_{35} = -205.64T + 197353 \text{J/mol}; \quad T_{35} = 960\text{K}$$
$$2FeO + SiO_2 == Fe_2SiO_4 \quad (4\text{-}36)$$
$$\Delta_r G_{36} = -1.69T - 30443 \text{J/mol} < 0$$
$$FeO + C == Fe + CO(g) \quad (4\text{-}37)$$
$$\Delta_r G_{37} = -152.26T + 151211 \text{J/mol}; \quad T_{37} = 993\text{K}$$

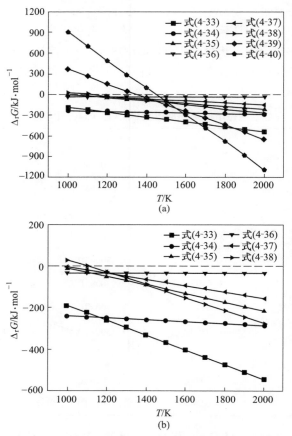

图 4-9　反应式（4-33）~式（4-40）非标准吉布斯自由能变化与
温度的关系

$$Fe_2SiO_4 + 2C \Longrightarrow 2Fe + SiO_2 + 2CO(g) \quad (4-38)$$

$$\Delta_r G_{38} = -305.21T + 336911 J/mol；\quad T_{38} = 1104K$$

$$Ca_3(PO_4)_2 + 3SiO_2 + 5C \Longrightarrow 3CaSiO_3 + 5CO(g) + P_2(g)$$
$$(4-39)$$

$$\Delta_r G_{39} = -1004.89T + 1363810 J/mol；\quad T_{39} = 1357K$$

$$2Ca_3(PO_4)_2 + 3SiO_2 + 10C \Longrightarrow 3Ca_2SiO_4 + 10CO(g) + 2P_2(g)$$
$$(4-40)$$

$$\Delta_r G_{40} = - 1970.36T + 2857820 \text{J/mol}; \quad T_{40} = 1450 \text{K}$$

将标准状态下热力学计算结果与非标态下的结果比较发现，负压操作能够显著改善有气体参与的化学反应的热力学条件。综合 FactSage 热力学分析表明，可通过从添加 Na_2CO_3 纯试剂、改变焙烧温度、降低碱度/添加 SiO_2 纯试剂以及负压操作四个方面来改善碳热还原过程中磷的气化脱除。

本 章 小 结

本章利用 FactSage 热力学软件对标准状态与非标准状态下碳热还原脱磷过程中铁氧化物、含磷矿物还原反应及其与脉石之间的反应进行热力学分析，得到以下结论：

（1）标准状态下铁氧化物还原热力学研究表明，铁氧化物的还原是一个逐级还原过程，其中，从 FeO 还原为 Fe 这步最难进行。当脉石 SiO_2 和 Al_2O_3 存在时，FeO 优先与 SiO_2 和 Al_2O_3 反应生成铁橄榄石 Fe_2SiO_4 和铁尖晶石 $FeAl_2O_4$，Fe_2SiO_4 和 $FeAl_2O_4$ 还原较 FeO 更难。但 CaO 能抑制 Fe_2SiO_4 和 $FeAl_2O_4$ 的形成，在液相中生成 Ca_2SiO_4、$CaAl_2O_4$ 和 $Ca_4Si_2O_7F_2$ 等化合物。

（2）标准状态下含磷矿物还原热力学研究表明，独居石在 900℃ 以下不易分解，但在 CaO、CaF_2 以及 $CaCO_3$ 的作用下，$REPO_4$ 可使分解成为 RE_2O_3、$Ca_3(PO_4)_2$ 和 $Ca_5(PO_4)_3F$。磷灰石的直接还原温度高达 1719K，但随着 Na_2CO_3、SiO_2 含量的增加，磷灰石还原开始温度降低，能够满足碳热还原过程的温度范围，对碳热还原过程脱磷反应的进行极为有利。

（3）将标准状态下热力学计算结果与非标态下的结果比较发现，负压操作能够显著改善有气体参与的化学反应的热力学条件。

（4）综合 FactSage 热力学分析可知，通过添加 Na_2CO_3 纯试剂、改变焙烧温度、降低碱度/添加 SiO_2 纯试剂以及负压操作，能促进碳热还原过程中磷的气化脱除。

5 碳热还原条件对白云鄂博矿脱磷的影响

基于前期利用 FactSage 软件对标准状态与非标准状态下碳热还原过程中脱磷热力学的研究，发现在白云鄂博矿中添加 Na_2CO_3 纯试剂、改变焙烧温度、降低碱度/添加 SiO_2 纯试剂以及负压操作，能促进气化脱磷。同时，针对含磷矿物与脉石矿物有效分离的研究结果表明，当 Na_2CO_3 用量分别为 5%、1% 时，能破坏原矿、铁精矿中含磷矿物周围的脉石包裹结构，改善脱磷反应的动力学条件，有利于磷的气化脱除。因此，本章重点考察了碳热还原条件（配碳量、还原温度、碱度/SiO_2 含量）对原矿和铁精矿气化脱磷率以及金属化率的影响，并进一步探明磷的脱除机理。研究结果能够为碳热还原脱磷最佳条件的选择以及制备预还原烧结矿提供依据。

5.1 实验原料与方法

5.1.1 实验原料

本实验所用原料为包钢选矿厂提供的白云鄂博原矿和铁精矿，其主要化学成分见表 5-1、表 5-2。

表 5-1 白云鄂博矿原矿主要化学成分　　（wt%）

化学成分	TFe	FeO	CaO	SiO_2	MgO	K_2O	Na_2O	Al_2O_3	F	S	P
含量	31.70	12.25	14.90	10.97	1.97	0.35	0.49	1.00	4.50	1.72	0.91

表 5-2 白云鄂博铁精矿主要化学成分　　（wt%）

化学成分	TFe	FeO	CaO	SiO_2	MgO	K_2O	Na_2O	Al_2O_3	F	S	P
含量	63.00	27.00	1.58	5.28	0.83	0.14	0.23	0.50	0.52	1.80	0.08

本实验使用的化学试剂主要有 Na_2CO_3、SiO_2 分析纯试剂（>99.8%）。

本实验所用还原剂为焦炭，工业分析得到的化学成分见表 5-3。

表 5-3　焦炭工业分析化学成分　　　　　（wt%）

F_{cad}	A_d	V_{daf}	S_{td}	CaO	SiO_2	Al_2O_3	P
86.84	12.21	1.21	0.96	0.74	6.77	2.67	0.097

注：F_{cad}—固定碳含量；A_d—灰分；V_{daf}—挥发分；S_{td}—硫分。

5.1.2　实验方法与评价指标

将破碎、筛分后的白云鄂博原矿粉、铁精矿粉、还原剂焦粉（<0.074mm）以及 $NaCO_3$、SiO_2 分析纯试剂混匀后，配加 8% 去离子水，在压片机上 5MPa 保压 2min，压制成直径为 20mm 的压团试样。随后在 105℃烘箱中干燥 4h。将压片置于真空碳管炉并用 Ar 气保护（0.09MPa）进行还原焙烧实验。将焙烧好的样品冷却后制样，用于铁和磷元素含量的化学分析以及 XRD 和 SEM-EDS 分析等。具体实验流程如图 5-1 所示。

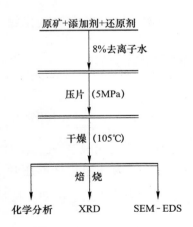

图 5-1　真空碳管炉碳热还原实验流程图（以原矿为例）

本章所采用的主要研究方法如下：

（1）FactSage 热力学计算。

利用 FactSage 热力学软件计算标准状态下碳热还原过程中铁氧化

物、含磷矿物的还原反应及其与脉石之间反应的吉布斯自由能变化与温度的关系（$\Delta G^{\ominus}$ - T）以及不同碳热还原条件，对平衡状态下焙烧产物物相组成的影响。

（2）X 射线衍射分析。

将焙烧产物在玛瑙研钵中研磨成小于 0.074mm 的粉末样品进行 XRD（Rigaku，MiniFlex600，Japan）物相分析。检测条件为：以 $Cu(K_{\alpha})$ 靶为靶材，工作电压 40kV，工作电流 15mA，测试角度 2θ 为 $10°\sim90°$，步长 0.02°/min。利用 MDI Jade6.0 软件对衍射数据中不同衍射峰的强度和位置与标准卡片进行比对，确定焙烧产物的物相组成。结合 FactSage 热力学计算结果探明还原焙烧过程中的物相演变规律。

（3）扫描电镜观察分析。

将焙烧产物冷镶后机械研磨、抛光、喷金，再利用 FESEM（Zeiss Sigma 500，Germany）和 EDS（Bruker，Germany）观察分析焙烧样品的微观形貌、矿物组成以及元素分布等特征，以定性分析不同碳热还原条件对原矿、铁精矿中铁氧化物、含磷矿物还原的影响。

还原焙烧产物的评价指标如下：

（1）气化脱磷率

$$\eta = \left(1 - \frac{m_1 w_1}{m_0 w_0} \right) \times 100\%$$

式中，η 为碳热还原过程中的气化脱磷率，%；w_1 为还原焙烧后产物中磷元素的质量分数，%；w_0 为还原焙烧前压片中磷元素的质量分数，%；m_1 为还原焙烧后产物的质量，g；m_0 为还原焙烧前干燥后压片的质量，g。

（2）金属化率

$$M = \frac{w}{w_T} \times 100\%$$

式中，M 为碳热还原过程中的金属化率，%；w 为还原焙烧产物中金属铁的质量分数，%；w_T 为还原焙烧产物中的全铁质量分数，%。

5.2 碳热还原条件对白云鄂博原矿脱磷的影响

5.2.1 配碳量对原矿碳热还原过程中脱磷的影响

将原料为白云鄂博原矿粉、Na_2CO_3 分析纯试剂（5%）、焦粉（5%、10%、15%、20%、25%），去离子水（8%）混匀压片，随炉加热至 1050℃后焙烧 60min，气压为 0.09MPa，研究不同配碳量对原矿碳热还原过程中气化脱磷率以及金属化率的影响，结果如图 5-2 所示。

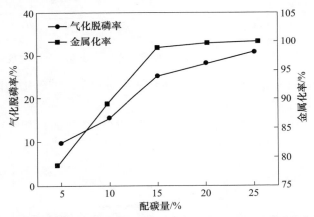

图 5-2　不同配碳量对原矿碳热还原过程中气化脱磷率与金属化率的影响

由图 5-2 可知，随着配碳量由 5%增加到 15%时，碳热还原过程中原矿的脱磷率由 9.76%显著增加到 25.23%，焙烧产物的金属化率由 78.54%增加到 98.87%。随着配碳量进一步增加到 25%时，气化脱磷率达到 30.82%，增加趋势变缓，而金属化率变化也趋于平缓。

为了进一步研究配碳量对原矿脱磷的影响，利用 FactSage 热力学软件计算了化学反应式（5-1）~式（5-3）标准吉布斯自由能变化与温度的关系 $\Delta G^{\ominus}\text{-}T$，如图 5-3 所示。

$$Fe_3O_4 + C \rightleftharpoons 3FeO + CO(g) \tag{5-1}$$

$$FeO + C \rightleftharpoons Fe + CO(g) \tag{5-2}$$

$$Ca_3(PO_4)_2 + 5C \rightleftharpoons 3CaO + P_2(g) + 5CO(g) \tag{5-3}$$

由图 5-3 不难发现，铁氧化物和含磷矿物的还原由易到难依次为

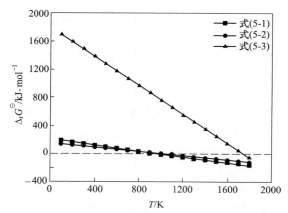

图 5-3 反应式（5-1）~式（5-3）标准吉布斯自由能变化与温度的关系

$Fe_3O_4 \rightarrow FeO \rightarrow Ca_3(PO_4)_2$，即在碳热还原过程中，铁氧化物优先于含磷矿物被还原。

利用 XRD 分析了不同配碳量条件下焙烧产物的物相组成，结果如图 5-4 和表 5-4 所示。

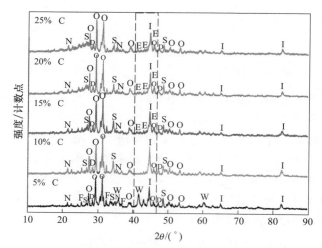

图 5-4 不同配碳量条件下原矿焙烧产物 XRD 衍射图谱

D—CaF_2；E—Fe_xP；F—Fe_2SiO_4；I—Fe；N—$NaAlSiO_4$；
O—$Ca_4Si_2O_7(F, OH)_2$；S—$Na_2CaSi_3O_8$；W—FeO

表 5-4　不同配碳量条件下 XRD 分析结果

样品	原矿焙烧产物物相组成									
	A	D	E	F	G	I	N	O	S	W
5% C		√		√		√	√	√	√	√
10% C		√				√	√	√		
15% C		√	√			√	√	√		
20% C		√	√			√	√	√		
25% C		√	√			√	√	√		

注：“√”表示 XRD 检测到该相的存在。

由图 5-4、表 5-4 可知，不同配碳量条件下原矿还原焙烧产物中出现了 $NaAlSiO_4$、$Ca_4Si_2O_7(F, OH)_2$ 和 $Na_2CaSi_3O_8$ 等物相的衍射峰，其中低熔点化合物霞石 $NaAlSiO_4$ 是由于添加的 Na_2CO_3 纯试剂与脉石中的 SiO_2、Al_2O_3 反应生成的，即去除含磷矿物周围脉石包裹的产物；而 $Na_2CaSi_3O_8$、$Ca_4Si_2O_7(F, OH)_2$ 物相则是添加剂 Na_2CO_3 与原矿中脉石 CaO、SiO_2、CaF_2 等反应生成的。当配碳量为 5% 时，焙烧产物 XRD 衍射图谱中出现金属 Fe 的衍射峰，这是由于铁氧化物被逐级还原，$Fe_3O_4 \rightarrow FeO \rightarrow Fe$，生成金属 Fe；而焙烧产物中存在 FeO 和 Fe_2SiO_4 物相，说明配碳量为 5% 时，FeO 并未完全被还原成金属铁，部分 FeO 与脉石中的 SiO_2 反应生成铁橄榄石 Fe_2SiO_4。当配碳量增加为 10% 时，焙烧产物中 FeO 和 Fe_2SiO_4 相衍射峰消失，金属 Fe 相衍射峰强度增加，这是由于随着配碳量的增加 FeO 和 Fe_2SiO_4 能进一步被还原生成金属 Fe。当配碳量达到 15% 时，金属铁相的衍射峰强度下降，同时出现 Fe_xP 相的衍射峰，这是由于铁氧化物优先含磷矿物的还原，随着配碳量的增加，含磷矿物逐渐还原生成磷蒸气 P_2，一部分随 Ar 气排出，另一部分进入金属铁相中生成 Fe-P 化合物。随着配碳量进一步增加到 20%、25% 时，焙烧产物中的物相种类没有变化，但金属 Fe 相的衍射峰强度明显减弱，而 Fe_xP 相的衍射峰显著加强，这是由于配碳量的增加使得还原出的磷蒸气增加且更多地被金属铁吸收生成 Fe-P 化合物。此外，由于原矿中含磷矿物含量较低且结晶性差，加之焙烧产物中金属铁和脉石相衍射峰强，针对不同配碳量条件下原矿碳热还原得到的焙烧产物 XRD 物相分析中并未检测到含磷矿物，因此，利用 SEM-EDS 对焙烧产物的微观形貌与矿物组成进行分析，结果如图 5-5 所示。

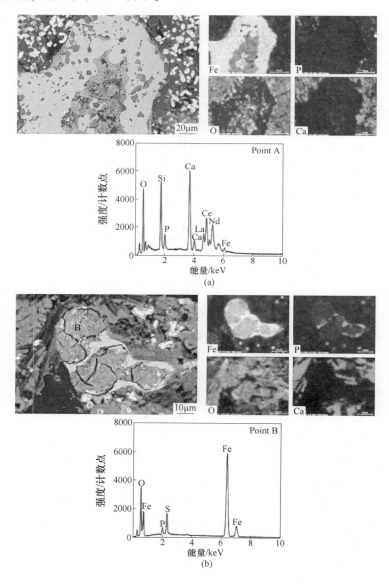

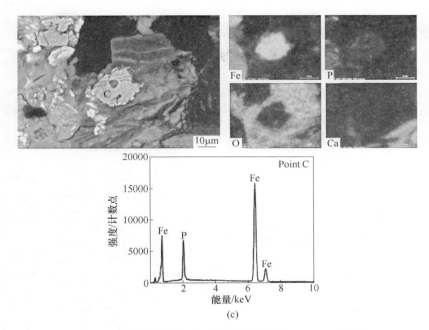

图 5-5 不同配碳量条件下原矿焙烧产物 SEM-EDS 分析
(a) 5%; (b) 15%; (c) 25%

从图 5-5 可以看出，当配碳量为 5% 时，在矿相微观形貌上能观察到浅灰色的金属铁相与深灰色衬度的脉石相；通过元素磷、钙及氧的面扫分布，能够观察到零星分布的未被还原的含磷矿物，对磷的聚集区域进行能谱打点分析（A 点），能够确定磷灰石的存在；将元素 Fe、P 面扫分布进行对比，发现两者没有相关性，这与 XRD 分析结果一致。当配碳量增加到 15% 时，元素 Fe、P 面扫分布具有一定的相关性，且 B 点能谱分析可以确定 Fe_xP 的生成；说明随着配碳量的增加，磷灰石还原生成磷蒸气 P_2，一部分以气体形式排出，另一部分与金属铁结合生成 Fe-P 化合物。当配碳量达到 25% 时，从元素 Fe、P 面扫分布可清晰地观察到金属铁的聚集区域中磷元素含量明显增加，即更多的磷进入金属铁的晶格中，形成稳定的 Fe-P 化合物；将 C 点 EDS 能谱与 B 点比较，不难发现铁相中的磷含量增加，这不利于磷的气化脱除。

综合上述分析可知，当配碳量由5%增加到15%，气化脱磷率显著升高，这是由于铁氧化物优先含磷矿物的还原，随着配碳量的增加，含磷矿物逐渐还原。当配碳量由15%进一步增加到25%时，气化脱磷率增加但变化趋势缓慢，这是由于配碳量的增加使得还原出的磷蒸气增多，但进入金属铁相中的磷含量显著增加，使得以气体形式排出的磷蒸气变化并不明显。因此，原矿碳热还原过程中最佳配碳量为15%。

5.2.2   还原温度对原矿碳热还原过程中脱磷的影响

将原料为白云鄂博原矿粉、Na_2CO_3分析纯试剂（5%）、焦粉（15%）、去离子水（8%）混匀压片，随炉分别加热至950、1000、1050、1100、1150℃后焙烧60min，气压为0.09MPa，研究不同还原温度对原矿碳热还原过程中气化脱磷率以及金属化率的影响，结果如图5-6所示。

由图5-6可知，随着还原温度由950℃升高到1150℃时，碳热还原过程中原矿的脱磷率由16.80%先增加到25.23%，随后减少到10.58%，最大脱磷率对应的还原温度为1050℃，焙烧产物的金属化率随还原温度的变化趋势与气化脱磷率一致。

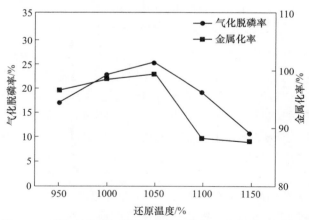

图 5-6   不同还原温度对原矿碳热还原过程中气化脱磷率与
金属化率的影响

为了进一步研究不同还原温度对原矿在碳热还原过程中脱磷的影响，利用XRD、SEM-EDS分析了焙烧产物的物相组成、微观形貌以及成分变化，结果如图 5-7、图 5-8 和表 5-5 所示。

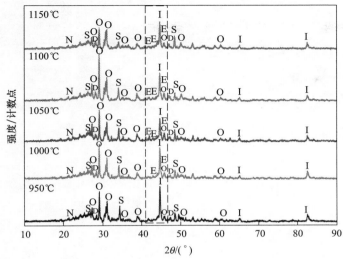

图 5-7 不同还原温度条件下原矿焙烧产物 XRD 衍射图谱

D—CaF_2；E—Fe_xP；I—Fe；N—$NaAlSiO_4$；O—$Ca_4Si_2O_7(F, OH)_2$；S—$Na_2CaSi_3O_8$

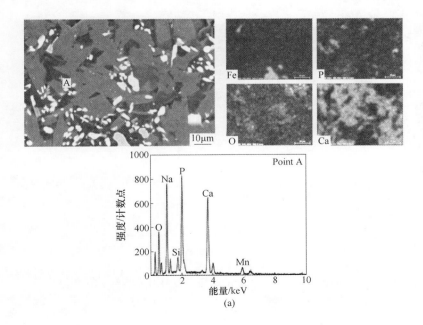

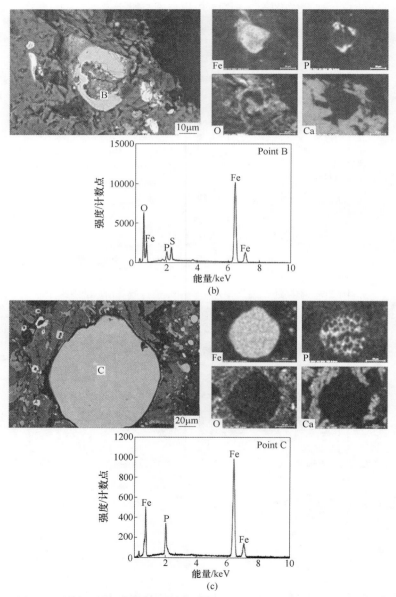

图 5-8　不同还原温度条件下原矿焙烧产物 SEM 形貌与 EDS 能谱分析

（a）950℃；（b）1050℃；（c）1150℃

表 5-5 不同还原温度条件下 XRD 分析结果

样品	原矿焙烧产物物相组成									
	A	D	E	F	G	I	N	O	S	W
950℃		√				√	√	√	√	
1000℃		√	√			√	√	√	√	
1050℃		√	√			√	√	√	√	
1100℃		√	√			√	√	√	√	
1150℃		√	√			√	√	√	√	

注："√"表示 XRD 检测到该物相的存在。

从图 5-7、表 5-5 可以看出，不同还原温度得到的焙烧产物中脉石相种类相同且与不同配碳量焙烧情况一致，此处不再做解释。当还原温度为 950℃时，金属铁的衍射峰明显，但没有 Fe-P 化合物的衍射峰。结合第 4 章热力学分析可知，该温度下原矿中含磷矿物还原反应的驱动力并不大，即不会有大量的磷灰石还原成磷蒸气，故并未检测到 Fe_xP 物相。随着焙烧温度由 950℃升高到 1150℃，金属铁相的衍射峰强度逐渐减弱，同时出现 Fe_xP 物相的衍射峰。这是由于含磷矿物的还原属于吸热反应，升高温度有利于磷灰石还原生成磷蒸气 P_2，其中一部分磷蒸气与金属铁结合生成 Fe-P 化合物。

从图 5-8 原矿焙烧产物在扫描电镜下的形貌可以看出，浅灰色衬度像为铁氧化物还原得到的金属 Fe 相，深灰色衬度像为脉石相。当还原温度为 950℃时，焙烧产物中元素 P 分布较为分散，且与 Fe 元素的分布不具有相关性，但与 Ca、O 元素分布有重叠的区域，说明在该温度下并没有明显的 Fe-P 化合物形成；结合 P 元素聚集区域的能谱打点分析（点 A），可确定在 950℃还原得到的焙烧产物中存在未被还原的磷灰石。当还原温度升高到 1050℃时，对 Fe、P、Ca、O 元素面扫分析不难发现，元素 P 与 Fe 分布具有一定相关性，而与元素 Ca 及 O 的分布没有相关性，由此可见磷灰石在 1050℃还原生成磷蒸气 P_2，同时一部分磷蒸气被优先还原得到的金属铁相吸收，生成 Fe-P 化合物，见 B 点能谱打点结果；同时，面扫结果显示 Fe、O 元素分布有重叠的区域，而 B 点能谱结果也可以确认存在未被还原的铁氧化物；也就是说，尽管铁氧化物优先含磷矿物的还原，但并非铁氧化物还原完成之后才能发生磷灰石的还原，而这种情况恰好能抑制磷蒸气进入铁相中，有利于提高碳热还原过程中的气化脱磷率。当还原温度达到 1150℃ 时，元素 Fe、P 分布具有明显的正相关性，金属铁的聚集区域分布着大量的磷。由此可见，随着还原温度的升高，更多的磷灰石还原生成磷蒸气，同时大量的磷蒸气被金属铁相吸收生成 Fe_xP 化合物，不利于磷的气化脱除。

综上分析可知，当还原温度由 950℃ 升高到 1050℃ 时，由于磷灰石的还原属于吸热反应，因此，还原温度的升高能够促进磷灰石的还原反应向右移动，气化脱磷率增大。当还原温度进一步升高到 1150℃ 时，尽管脱磷反应能继续向右移动生成的磷蒸气增多，但高温会大幅促进还原得到的磷蒸气进入金属铁相中，反而抑制了磷的气化脱除，导致气化脱磷率显著下降。因此，原矿碳热还原脱磷最佳的还原温度为 1050℃。

5.2.3　碱度对原矿碳热还原过程中脱磷的影响

将原料为白云鄂博原矿粉、Na_2CO_3 分析纯试剂（5%）、焦粉（15%），SiO_2 纯试剂（用来调节碱度）、去离子水（8%）混匀压片，随炉加热至 1050℃ 后焙烧 60min，气压为 0.09MPa，研究不同碱度（0.5、0.8、1.1、1.4、1.7）对原矿碳热还原过程中气化脱磷率以及金属化率的影响，结果如图 5-9 所示。

由图 5-9 可知，随着碱度由 0.5 增加到 1.1，碳热还原过程中原矿的气化脱磷率由 31.61% 减小到 28.25%，金属化率则逐渐升高；当碱度进一步增加到 1.7 时，气化脱磷率略有升高，金属化率变化不明显。最大脱磷率对应的碱度为 0.5。

利用 FactSage 热力学软件计算添加 SiO_2 对铁氧化物与含磷矿物还原反应的标准吉布斯自由能变化与温度的关系 $\Delta G^{\ominus}$-T，如图5-10~图 5-12 所示。

$$FeO + C \Longrightarrow Fe + CO(g) \tag{5-2}$$

$$2FeO + SiO_2 \Longrightarrow Fe_2SiO_4 \tag{5-4}$$

$$Fe_2SiO_4 + 2C \Longrightarrow 2Fe + SiO_2 + 2CO(g) \tag{5-5}$$

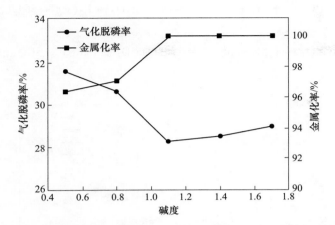

图 5-9 不同碱度对原矿碳热还原过程中气化脱磷率与金属化率的影响

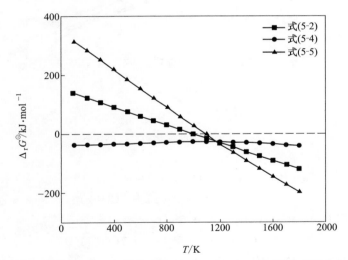

图 5-10 反应式（5-2）、式（5-4）、式（5-5）标准吉布斯自
由能变化与温度的关系

$$Ca_3(PO_4)_2 + 5C \Longrightarrow 3CaO + P_2(g) + 5CO(g) \quad (5-3)$$

$$2Ca_3(PO_4)_2 + 10C + 3SiO_2 \Longrightarrow 3Ca_2SiO_4 + 2P_2(g) + 10CO(g)$$
$$(5-6)$$

$$Ca_3(PO_4)_2 + 5C + 2SiO_2 \Longrightarrow Ca_3Si_2O_7 + P_2(g) + 5CO(g)$$

(5-7)

$$Ca_3(PO_4)_2 + 5C + 3SiO_2 \Longrightarrow 3CaSiO_3 + P_2(g) + 5CO(g)$$

(5-8)

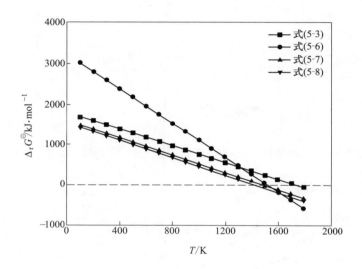

图 5-11   反应式 (5-3)、式 (5-6) ~式 (5-8)
标准吉布斯自由能变化与温度的关系

$$Ca_3(PO_4)_2 + Na_2CO_3 + 6C \Longrightarrow$$
$$3CaO + Na_2O + P_2(g) + 7CO(g) \qquad (5-9)$$

$$Ca_3(PO_4)_2 + Na_2CO_3 + 6C + 6SiO_2 \Longrightarrow$$
$$Na_2Ca_3Si_6O_{16} + P_2(g) + 7CO(g) \qquad (5-10)$$

$$2Ca_3(PO_4)_2 + 3Na_2CO_3 + 13C + 9SiO_2 \Longrightarrow$$
$$3Na_2Ca_2Si_3O_9 + 2P_2(g) + 16CO(g) \qquad (5-11)$$

$$Ca_3(PO_4)_2 + 3Na_2CO_3 + 8C + 15SiO_2 \Longrightarrow$$
$$3Na_2CaSi_5O_{12} + P_2(g) + 11CO(g) \qquad (5-12)$$

$$Ca_3(PO_4)_2 + 6Na_2CO_3 + 11C + 9SiO_2 \Longrightarrow$$
$$3Na_4CaSi_3O_9 + P_2(g) + 17CO(g) \qquad (5-13)$$

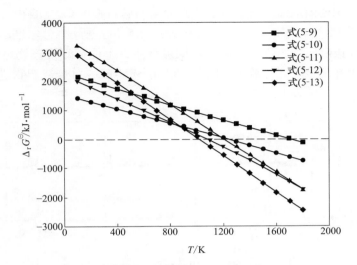

图 5-12 反应式（5-9）~式（5-13）标准吉布斯
自由能变化与温度的关系

由图 5-10 铁氧化物还原热力学计算结果可知，FeO 容易与 SiO_2 反应生成铁橄榄石 Fe_2SiO_4，且 Fe_2SiO_4 比 FeO 更难还原生成金属铁。这能抑制还原得到的磷蒸气进入金属铁相中，有利于改善气化脱磷率。针对磷灰石还原的热力学计算结果（参见图 5-11 和图 5-12）可知，原料中无论添加 Na_2CO_3 与否，随着 SiO_2 配比的增大，脱磷反应的开始温度不断降低。这能促进脱磷反应在 FeO→Fe 之前发生，减少进入金属铁相中的磷蒸气 P_2，使得更多的 P_2 随 Ar 气排出，提高气化脱磷率。上述计算得到的是标准状态下热力学达到平衡的结果，与实际碳热还原过程有所不同。因此，为了进一步研究不同碱度对原矿在碳热还原过程中脱磷的影响，利用 XRD、SEM-EDS 分析了焙烧产物的物相组成、微观形貌以及成分变化，结果如图 5-13、图 5-14 和表 5-6 所示。

由图 5-13 和表 5-6 可知，当碱度为 0.5 时，焙烧产物的物相组成相对简单，主要有 CaF_2、$NaAlSiO_4$、$Ca_4Si_2O_7(F，OH)_2$ 以及金属铁相。当碱度增加到 0.8 以上时，焙烧产物中出现 $CaSiO_3$、Ca_2SiO_4 新物相衍射峰；此外，枪晶石 $Ca_4Si_2O_7(F，OH)_2$ 相衍射峰强度随着碱度的增加逐渐增强。这是由于 CaO 容易与脉石相中 CaF_2 的和 SiO_2 反应生成 $Ca_4Si_2O_7(F，OH)_2$（反应如式（5-14）所示），碱度的增大能够促进反应向右进行。由于不同碱度条件下原矿焙烧产物的 XRD 结果中并未检测到含磷相，因此，利用 SEM-EDS 对焙烧产物进一步观察分析，结果如图 5-14 所示。

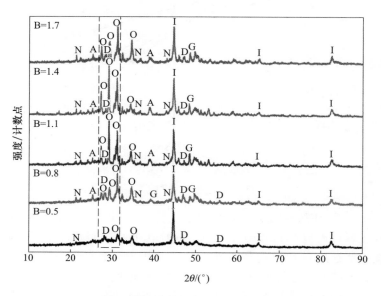

图 5-13　不同碱度条件下原矿焙烧产物 XRD 衍射图谱

A—$CaSiO_3$；D—CaF_2；G—Ca_2SiO_4；I—Fe；N—$NaAlSiO_4$；
O—$Ca_4Si_2O_7(F，OH)_2$

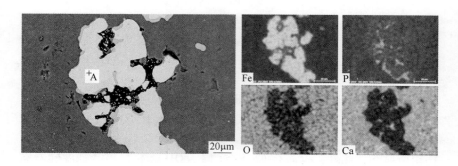

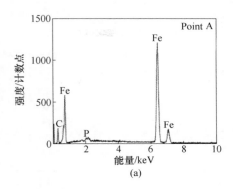

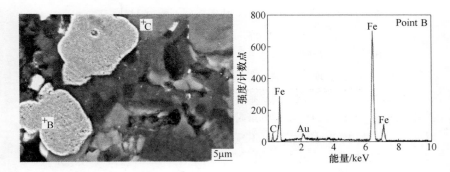

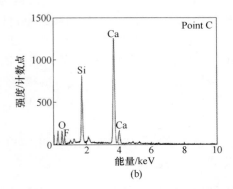

图 5-14　不同碱度条件下原矿焙烧产物 SEM 形貌与 EDS 能谱分析

（a）碱度 0.5；（b）碱度 1.7

表 5-6　不同碱度条件下 XRD 分析结果

样品	原矿焙烧产物物相组成									
	A	D	E	F	G	I	N	O	S	W
B = 0.5		√				√	√	√		
B = 0.8	√	√			√	√	√	√		
B = 1.1	√	√			√	√	√	√		
B = 1.4	√	√			√	√	√	√		
B = 1.7	√	√			√	√	√	√		

注：" √ " 表示 XRD 检测到该物相的存在。

$$3CaO + 2SiO_2 + CaF_2 \Longrightarrow Ca_4Si_2O_7F_2 \quad \text{（式 5-14）}$$
$$\Delta_r G_{14}^{\ominus} = -42.4T - 197704 < 0$$

图 5-14（a）为碱度 0.5 时，焙烧产物微观形貌与能谱分析结果。从图中不难发现，铁氧化物还原得到的金属铁相与脉石相紧密相邻；而从元素 Fe、P、O、Ca 面扫结果可以看出，元素磷分布于金属铁相当中，与 Ca 和 O 的分布重叠区域很小，说明 SiO_2 含量较高时可以促进含磷矿物的还原，生成的磷蒸气一部分以气体形式排出，另一部分被金属铁吸收形成 Fe-P 化合物；而 A 点能谱打点结果也能确定金属铁中有磷元素的存在。图 5-14（b）对应碱度为 1.7 时焙烧产物的微观形貌及矿物组成。由图可知，B 点浅灰色衬度像为金属铁，C 点为 $Ca_4Si_2O_7F_2$，与 XRD 结果一致。随着碱度增加，脉石相中 $Ca_4Si_2O_7(F, OH)_2$ 的含量明显增加，枪晶石属于高熔点的硅酸盐类化合物，分散在金属铁周围，使得还原生成的磷蒸气在金属铁相中的扩散变得困难。因此，随着碱度由 1.1 增加到 1.7，原矿的气化脱磷率略有升高。

综合 FactSage 热力学计算结果与 XRD、SEM-EDS 分析结果可知，原矿碳热还原脱磷选择的适宜碱度应为 0.5。

5.3　碳热还原条件对白云鄂博铁精矿脱磷的影响

基于前期对白云鄂博铁精矿中磷的赋存状态以及碳热还原过程中

脱磷反应的热力学分析，本节采用 FactSage 热力学计算与真空碳管炉还原焙烧实验相结合的方式考察配碳量、还原温度、SiO_2 含量对铁精矿碳热还原脱磷的影响。

5.3.1 配碳量对铁精矿碳热还原过程中脱磷的影响

将原料为白云鄂博铁精矿粉、Na_2CO_3 分析纯试剂（1%）、SiO_2（3%）、焦粉（5%、10%、15%、20%、25%）、去离子水（8%）混匀压片，随炉加热至 1050℃后焙烧 60min，气压为 0.09MPa，研究不同配碳量对铁精矿碳热还原过程中气化脱磷率以及金属化率的影响，结果如图 5-15 所示。

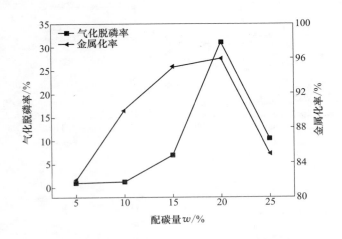

图 5-15　不同配碳量对铁精矿碳热还原过程中气化脱磷率与
金属化率的影响

由图 5-15 可知，随着配碳量由 5%增加到 25%时，铁精矿碳热还原过程中气化脱磷率由 1%先增加到 31%，后减小为 11%；焙烧产物的金属化率先由 82%增加到 96%，后降低至 85%。最佳气化脱磷率与金属化率对应的配碳量为 20%。

为了进一步研究配碳量对铁精矿脱磷的影响，利用 FactSage 热力学软件计算平衡状态下铁精矿焙烧产物的物相组成，如图 5-16 所示。

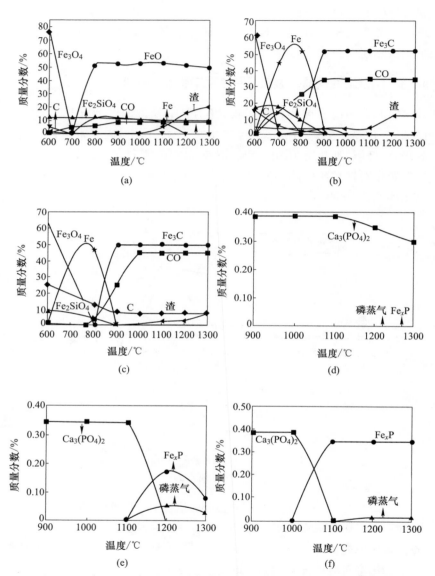

图 5-16　不同配碳量对平衡状态下铁精矿焙烧产物物相组成的影响

（a）（d）5%；（b）（e）20%；（c）（f）25%

通过 XRD、SEM-EDS 分析了不同配碳量条件下碳热还原得到的焙烧产物的物相组成、微观形貌以及成分变化，结果如图 5-16～图 5-18 所示。

　　由图 5-16 可知，当配碳量为 5% 时，还原气氛不足，铁氧化物优先含磷矿物还原，$Fe_3O_4 \rightarrow FeO \rightarrow Fe$，$FeO$ 还原不完全，一部分 FeO 与脉石中的 SiO_2 反应生成铁橄榄石；而磷灰石还原开始温度略高于 1100℃，即在 1050℃ 时磷灰石未被还原。当配碳量增加到 20% 时，铁氧化物完全被还原生成金属 Fe，同时铁相不断渗碳生成 Fe_3C；而磷灰石开始还原温度为 1100℃，在 1050℃ 时磷灰石同样未发生还原反应。当配碳量达到 25% 时，除了铁氧化物还原以及金属铁相渗碳外，由于磷灰石开始还原温度降低到 1000℃，故在 1050℃ 时磷灰石部分被还原生成磷蒸气，而含磷气体又能进入金属铁中生成大量 Fe_xP。显然，配碳量为 20% 时，FactSage 计算结果与碳热还原实验结果并不一致，这是由于铁精矿中脉石成分复杂所致。结合前期热力学计算可知，脉石中的 SiO_2 能够降低脱磷反应的开始温度，同时碳热还原过程中良好的动力学条件有利于改善气化脱磷率。因此，有必要针对铁精矿碳热还原得到的焙烧产物进行物相分析，不同配碳量条件下 XRD 结果如图 5-17 所示。

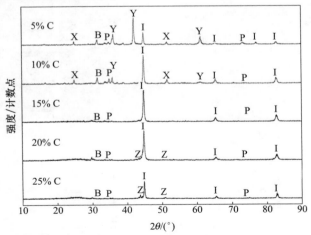

图 5-17　不同配碳量条件下铁精矿焙烧产物 XRD 衍射图谱
B—Ca_2SiO_4；I—Fe；P—$Na_2CaSi_5O_{12}$；X—$Ca_3(PO_4)_2$；Y—FeO；Z—Fe_3C

由图 5-17 可知，不同配碳量条件下铁精矿焙烧产物中主要铁相为 Fe、FeO 和 Fe_3C，脉石相主要有 Ca_2SiO_4、$Na_2CaSi_5O_{12}$，含磷矿物为 $Ca_3(PO_4)_2$。当配碳量为 5%、10% 时，焙烧产物的物相中出现 FeO、$Ca_3(PO_4)_2$、Fe 的衍射峰，由此可知，配碳量不足以完全还原铁氧化物和含磷矿物。当配碳量增加到 15% 时，FeO 衍射峰完全消失，金属铁相的衍射峰强度随着配碳量的增加而增强；而 $Ca_3(PO_4)_2$ 衍射峰消失，说明含磷矿物发生还原反应。当配碳量达到 20%、25% 时，Fe_3C 相衍射峰出现，这是由于金属铁相渗碳形成的；同时，随着配碳量的增加，Fe_3C 相的衍射峰强度逐渐增强，而金属铁相的衍射峰强度逐渐减弱，在配碳量为 25% 时强度变化最为明显。这是由于随着配碳量的增加，不仅金属铁相渗碳增多，而且还原气氛充足能够促进 $Ca_3(PO_4)_2$ 还原生成磷蒸气，更多的磷蒸气被金属铁相吸收形成 Fe-P 化合物。不难发现，在 XRD 物相分析中并未出现 Fe_xP 衍射峰，因此，还需对不同配碳量条件下得到的焙烧产物的矿物组成进一步分析，结果如图 5-18 所示。

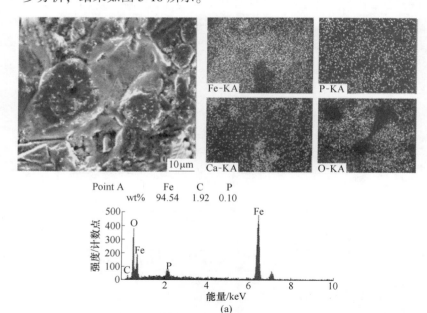

(a)

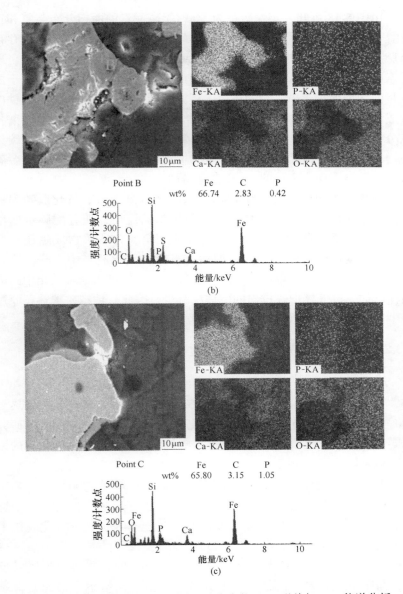

图 5-18　不同配碳量条件下铁精矿焙烧产物 SEM 形貌与 EDS 能谱分析
(a) 配碳量 5%；(b) 配碳量 15%；(c) 配碳量 20%

由图 5-18 可知，当配碳量为 5% 时，磷元素的面扫分布与氧和钙重叠，与铁的重叠区域较小，多数含磷矿物未被还原，主要集中存在于脉石中。随着配碳量的增加，磷元素分布逐渐迁移到铁相当中，磷元素与铁元素重叠区域增大，铁相中的磷元素含量增多。这是由于配碳量的增加促进含磷矿物的还原，还原得到的磷蒸气能进入金属铁中生成 Fe_xP。对比不同配碳量条件下焙烧产物中铁的聚集区域能谱打点分析可知（点 A ~ 点 C），铁相中磷元素和碳元素含量随着配碳量的增加而增大，由此可见，配碳量的增加使得更多的磷蒸气进入金属铁中，且渗碳反应生成的 Fe_3C 含量增加。

综合上述分析可知，当配碳量由 5% 增加到 20%，气化脱磷率明显增大。这是由于铁氧化物优先含磷矿物的还原，随着配碳量的增加，还原气氛逐渐增强，铁氧化物还原完全，含磷矿物发生还原反应。当配碳量由 20% 进一步增加到 25% 时，气化脱磷率下降。这是由于配碳量的增加使得还原出的磷蒸气增多，但进入金属铁相中的磷同样增加，以气体形式排出的磷蒸气减少。因此，铁精矿碳热还原过程中最佳配碳量为 20%。

5.3.2   还原温度对铁精矿碳热还原过程中脱磷的影响

将原料为白云鄂博铁精矿粉、Na_2CO_3 分析纯试剂（1%）、SiO_2（3%）、焦粉（20%），去离子水（8%）混匀压片，随炉分别加热至 600、750、900、1050、1200℃ 后焙烧 60min，气压为 0.09MPa，研究不同还原温度对铁精矿碳热还原过程中气化脱磷率以及金属化率的影响，结果如图 5-19 所示。

由图 5-19 可知，随着还原温度由 600℃ 升高到 1200℃，铁精矿碳热还原过程中气化脱磷率由 9% 先增加到 31% 后减小为 22%，焙烧产物的金属化率先由 4% 增加到 96% 后降低至 94%。最佳气化脱磷率与金属化率对应的还原温度为 1050℃。需要说明的是，根据前期热力学计算结果可知，还原温度为 600℃ 和 750℃ 时，很难发生脱磷反应，而图中对应的气化脱磷率极有可能是由于铁精矿中磷元素含量低，化学分析法测定焙烧产物中磷元素含量的误差导致的。

为了进一步探究还原温度对铁精矿碳热还原过程中脱磷的影响，

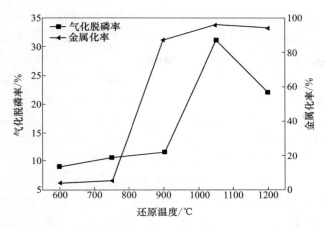

图 5-19 不同还原温度对铁精矿碳热还原过程中气化脱磷率
与金属化率的影响

利用 XRD 分析了不同还原温度条件下铁精矿焙烧产物的物相组成，结果如图 5-20 所示。

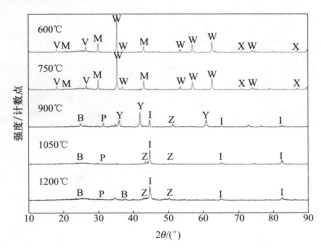

图 5-20 不同还原温度条件下铁精矿焙烧产物 XRD 衍射图谱

B—Ca_2SiO_4；I—Fe；M—SiO_2；P—$Na_2CaSi_5O_{12}$；V—C；

W—Fe_3O_4；X—$Ca_3(PO_4)_2$；Y—FeO；Z—Fe_3C

由图 5-20 可知，不同还原温度条件下，铁精矿还原焙烧产物中主要铁相为 Fe_3O_4、FeO、Fe、Fe_3C；脉石相主要为 Ca_2SiO_4、$Na_2CaSi_5O_{12}$、SiO_2；含磷矿物为 $Ca_3(PO_4)_2$。当还原温度为 600℃ 和 750℃ 时，焙烧产物中存在 Fe_3O_4、$Ca_3(PO_4)_2$、C 的衍射峰，多数铁氧化物及含磷矿物未被还原。当还原温度达到 900℃ 时，Fe_3O_4、$Ca_3(PO_4)_2$、C、SiO_2 衍射峰消失，而 FeO、Fe、Fe_3C 物相衍射峰出现。由此可见，随着还原温度的升高，铁氧化物和含磷矿物逐渐被还原，但还原并不完全；同时金属铁相中发生渗碳反应，生成 Fe_3C。当还原温度进一步升高到 1050℃ 和 1200℃ 时，FeO 相衍射峰消失，金属铁相的衍射峰强度先增大后减小，这与磷蒸气进入金属铁晶格以及渗碳直接相关。

利用 SEM-EDS 观察与分析不同还原温度条件下铁精矿焙烧产物的微观形貌与矿物组成，结果如图 5-21 所示。

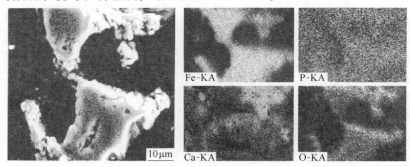

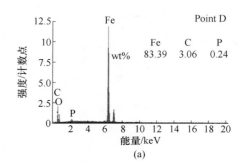

(a)

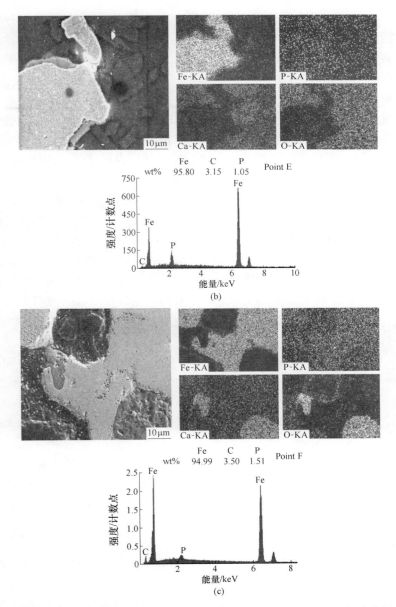

图 5-21　不同还原温度条件下铁精矿焙烧产物 SEM 形貌与 EDS 能谱分析
(a) 900℃；(b) 1050℃；(c) 1200℃

由图 5-21（a）可知，当还原温度为 900℃时，磷元素面扫分布与钙、氧、铁重叠，均匀地分布于铁相和脉石相中；此外，D 点能谱结果显示有铁氧化物的存在，这与 XRD 结果一致。当还原温度进一步升高到 1050℃、1200℃时，比较 P、Fe、Ca、O 元素分布发现，P元素逐渐由脉石相向金属铁相中迁移，且 Fe 元素与 O 元素分布不具有相关性，Fe 的聚集区域（点 E、点 F）能谱打点结果同样显示金属铁相中存在 Fe_xP 化合物；且随着还原温度的升高，铁相中 P 元素含量增加，同时并未检测到 O 元素，即当还原温度达到 1050℃以上，铁氧化物还原基本完全。

综合 XRD、SEM-EDS 分析可知，当还原温度由 600℃升高到1050℃时，由于铁氧化物、磷灰石的还原属于吸热反应，且铁氧化物优先含磷矿物的还原，因此，还原温度的升高有利于脱磷反应向右移动，提高气化脱磷率。然而，当还原温度升高到 1200℃时，高温会导致磷蒸气大量进入金属铁相中，不利于磷的气化脱除，脱磷率显著下降。因此，铁精矿碳热还原过程中脱磷最佳的还原温度为 1050℃。

5.3.3　SiO_2 含量对铁精矿碳热还原过程中脱磷的影响

将原料为白云鄂博铁精矿粉、Na_2CO_3 分析纯试剂（1%）、SiO_2（1%、2%、3%、4%、5%）、焦粉（20%）、去离子水（8%）混匀压片，随炉加热至 1050℃后焙烧 60min，气压为 0.09MPa，研究不同SiO_2 含量对铁精矿碳热还原过程中气化脱磷率以及金属化率的影响，结果如图 5-22 所示。

由图 5-22 可知，随着 SiO_2 含量由 1%增加到 3%，气化脱磷率由19%升高到 31%；当 SiO_2 含量进一步增加到 5%时，气化脱磷率降低至 15%。金属化率随着 SiO_2 含量的增加由 99%下降到 90%。最大气化脱磷率对应的 SiO_2 含量为 3%。

为了进一步研究 SiO_2 含量对铁精矿脱磷的影响，利用 FactSage热力学、XRD、SEM-EDS 分析了还原焙烧产物的物相组成、微观形貌以及成分变化，结果如图 5-23~图 5-25 所示。

不同 SiO_2 含量对焙烧产物平衡状态下物相组成的影响如图 5-23所示。随着 SiO_2 含量由 1%增加到 5%，磷灰石还原的开始温度由

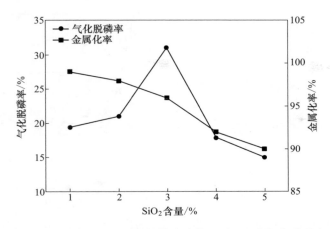

图 5-22　不同 SiO_2 含量对铁精矿碳热还原过程中气化脱磷率
与金属化率的影响

1200℃ 显著降低到 900℃。Fe_2SiO_4 最大质量分数由 10% 增加到 35%，抑制磷蒸气进入金属铁相。但过量的 SiO_2 阻碍含磷气体的排出，使其与金属铁结合生成 Fe_xP，降低气化脱磷率。

对添加不同 SiO_2 含量的铁精矿碳热还原得到的样品进行 X 射线衍射分析，结果如图 5-24 所示。

由图 5-24 可知，焙烧产物中主要铁相为 Fe、Fe_3C 和 Fe_2SiO_4；脉石相主要是由 Ca_2SiO_4、Fe_2SiO_4、$Na_2CaSi_5O_{12}$ 组成。此外，随着 SiO_2 添加量的增加，Fe_2SiO_4、Ca_2SiO_4 衍射峰强度增大，这是由于 FeO 与脉石中的 SiO_2 反应以及脉石成分 SiO_2 与 CaO 反应生成的。Fe_2SiO_4 的生成阻碍含磷气体中的磷进入金属铁中，而 Ca_2SiO_4 等相的增多又会使透气性变差，不利于含磷气体的排出。

利用 SEM-EDS 观察与分析不同 SiO_2 含量条件下铁精矿焙烧产物的微观形貌与矿物组成，结果如图 5-25、表 5-7 所示。

由图 5-25 中元素面扫结果可知，SiO_2 含量为 1% 时，磷元素均匀分布在铁相和脉石相中。随着 SiO_2 含量的增加，磷元素在铁相中的分布逐渐增加；当 SiO_2 含量达到 5% 时，磷元素主要集中于金属铁中。由表 5-7 中焙烧样品金属铁相中的 A、B、C 三点能谱结果不难发现，随着 SiO_2 含量的增加，金属铁相中磷元素含量明显增大。

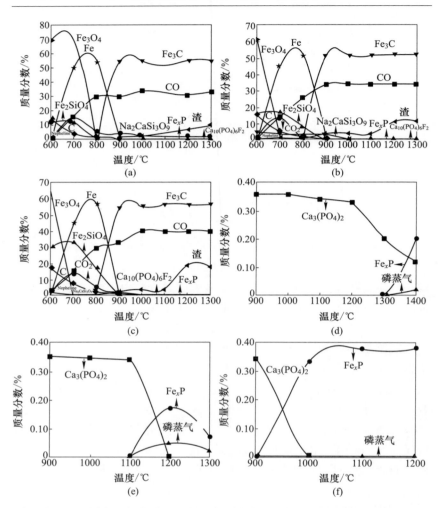

图 5-23　不同 SiO_2 含量对平衡状态下铁精矿焙烧产物物相组成的影响

(a)（d）1%；（b）（e）3%；（c）（f）5%

综上分析可知，当 SiO_2 含量由 1% 增加到 3%，SiO_2 不仅能降低脱磷反应发生的开始温度，促进磷灰石还原生成磷蒸气，而且能够与 FeO 结合生成铁橄榄石，抑制金属铁的生成，进而改善气化脱磷率。随着 SiO_2 含量进一步增加到 5%，脉石相中低熔点化合物含量增加，不利于磷蒸气排出，脱磷率下降。因此，铁精矿碳热还原过程中最佳

的 SiO_2 含量为 3%。

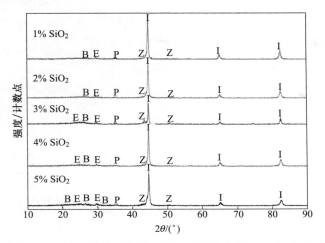

图 5-24 不同 SiO_2 含量条件下铁精矿焙烧产物 XRD 衍射图谱

B—Ca_2SiO_4；E—Fe_2SiO_4；I—Fe；P—$Na_2CaSi_5O_{12}$；Z—Fe_3C

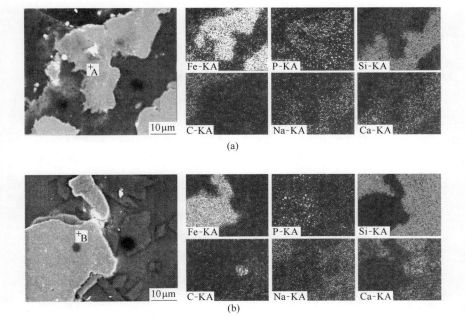

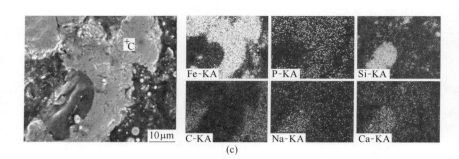

图 5-25　不同 SiO_2 含量条件下铁精矿焙烧产物 SEM 形貌与 EDS 能谱分析

（a）1%；（b）3%；（c）5%

表 5-7　不同 SiO_2 含量条件下铁精矿焙烧产物能谱分析结果（wt%）

元素组成	Fe	C	P
A	96. 41	3. 02	0. 57
B	95. 8	3. 15	1. 05
C	94. 67	3. 32	2. 01

本 章 小 结

　　本章利用 FactSage 热力学计算与碳热还原实验对白云鄂博原矿、铁精矿气化脱磷进行了研究，深入考察了碳热还原条件中配碳量、还原温度、碱度/SiO_2 含量对脱磷的影响规律，具体结论如下：

　　（1）随着配碳量由 5% 升高到 25% 时，原矿气化脱磷率由 9.76% 增加到 30.82%；但在配碳量达到 15% 以上时，还原得到的磷蒸气易与金属铁结合形成 Fe-P 化合物，使得气化脱磷率增加的趋势变缓。

　　（2）当还原温度由 950℃ 升高到 1150℃ 时，原矿气化脱磷率先由 16.80% 增加到 25.23% 后下降为 10.58%，气化脱磷率在 1050℃ 达到最大值。由于磷灰石的还原为吸热反应，升高温度有利于磷的气化脱除，但高温会大幅加剧还原得到的磷蒸气进入金属铁相，不利于磷的气化脱除。

　　（3）随着碱度由 0.5 增大到 1.7 时，原矿气化脱磷率由 31.61%

下降为 28.25%，之后略有升高。在碱度较低（$R<1.1$）时，较多的 SiO_2 可促进磷灰石的还原过程，同时 SiO_2 可抑制 FeO 还原，进而减少磷蒸气与金属铁结合，提高气化脱磷率。而碱度较高（$R>1.1$）时，脉石相中易形成高熔点 $Ca_4Si_2O_7(F,OH)_2$ 化合物，不利于磷蒸气进入金属 Fe 相中，使得脱磷率略有升高。

（4）白云鄂博原矿碳热还原脱磷的最佳条件：配碳量为 15%，还原温度为 1050℃，碱度为 0.5；在此条件下，气化脱磷率、金属化率可分别达到 31.61%、96.35%。

（5）当配碳量由 5% 增加到 20% 时，铁精矿气化脱磷率由 1% 升高到 31%；当配碳量进一步增加到 25% 时，脱磷率降低至 11%。配碳量过低，铁氧化物优先含磷矿物还原，脱磷反应难以发生；随着配碳量的增加，含磷矿物不断还原生成磷蒸气；但配碳量过高，加剧还原得到的磷蒸气与金属铁结合生成 Fe_xP，导致气化脱磷率降低。

（6）当还原温度由 600℃ 升高到 1050℃ 时，铁精矿气化脱磷率由 9% 上升到 31%。当温度进一步增加到 1200℃ 时，脱磷率降低为 22%。磷灰石的还原为吸热反应，温度升高有利于反应正向进行，促进磷的气化脱除；但温度过高导致磷蒸气大量进入金属铁中，生成稳定的 Fe_xP，不利于磷的气化脱除。

（7）随着 SiO_2 含量由 1% 增加到 3%，铁精矿的气化脱磷率由 19% 升高到 31%。当 SiO_2 添加量进一步增加时，脱磷率显著降低。SiO_2 的加入能在降低磷灰石还原温度的同时与 FeO 反应生成 Fe_2SiO_4，有效抑制磷蒸气进入金属铁相；但过量的 SiO_2 使得焙烧产物中液相量增加，阻碍了磷蒸气的排出。

（8）白云鄂博铁精矿碳热还原脱磷的最佳条件：配碳量为 20%，还原温度为 1050℃，SiO_2 含量为 3%；在此条件下，气化脱磷率、金属化率可分别达到 31%、96%。

6 白云鄂博矿碳热还原过程中磷的迁移规律

白云鄂博矿在碳热还原过程中，磷元素从矿物中的磷灰石迁移到气相、金属相以及脉石相中。由于铁氧化物优先含磷矿物的还原，故还原时间过短，只有少量磷灰石还原为磷蒸气，多数磷元素仍存在于脉石相中；若还原时间过长，则导致还原得到的磷蒸气进入金属铁相中，形成稳定的 Fe-P 化合物，大部分的磷存在于金属相中。因此，还原时间对磷在这三相中的迁移行为影响显著。为了提高气化脱磷率，有必要以时间渐进方式分析白云鄂博矿在碳热还原过程中磷的迁移规律。

通过对白云鄂博矿添加碳酸钠纯试剂在碳热还原过程中气化脱磷的研究发现，影响矿石中磷气化脱除的限制性因素在于还原出的磷蒸气极易被金属铁吸收，形成稳定的 Fe_xP 化合物。因此，本章利用 FactSage 热力学计算软件、XRD、SEM-EDS 和 EPMA，从物相演变规律与元素 Fe、P、C 的分布规律入手，定性、定量地分析磷在铁相、脉石相、气相中的迁移规律，旨在促进磷进入气相的同时，抑制磷被金属铁相吸收，并保留在脉石相中。

6.1 实验原料与方法

6.1.1 实验原料

本实验所用原料为包钢选矿厂提供的白云鄂博原矿和铁精矿，其主要化学成分见表 6-1 和表 6-2。

本实验使用的化学试剂主要有 Na_2CO_3、SiO_2 分析纯试剂（>99.8%）。

表 6-1 白云鄂博矿原矿主要化学成分 （wt%）

化学成分	TFe	FeO	CaO	SiO$_2$	MgO	K$_2$O	Na$_2$O	Al$_2$O$_3$	F	S	P
含量	31.70	12.25	14.90	10.97	1.97	0.35	0.49	1.00	4.50	1.72	0.91

表 6-2 白云鄂博铁精矿主要化学成分 （wt%）

化学成分	TFe	FeO	CaO	SiO$_2$	MgO	K$_2$O	Na$_2$O	Al$_2$O$_3$	F	S	P
含量	63.00	27.00	1.58	5.28	0.83	0.14	0.23	0.50	0.52	1.80	0.08

本实验所用还原剂为焦炭，工业分析得到的化学成分见表 6-3。

表 6-3 焦炭工业分析化学成分 （%）

F_{cad}	A_d	V_{daf}	S_{td}	CaO	SiO$_2$	Al$_2$O$_3$	P
86.84	12.21	1.21	0.96	0.74	6.77	2.67	0.097

注：F_{cad}—固定碳含量；A_d—灰分；V_{daf}—挥发分；S_{td}—硫分。

6.1.2 实验方法与评价指标

将破碎、筛分后的白云鄂博原矿粉、铁精矿粉、还原剂焦粉（<0.074mm）以及 NaCO$_3$、SiO$_2$ 分析纯试剂混匀 2h 后，配加 8% 去离子水，在压片机上 5MPa 保压 2min，压制成直径为 20mm 的压团试样，随后在 105℃烘箱中干燥 4h。将压片置于真空碳管炉并用 Ar 气保护（0.09MPa）进行焙烧实验。将焙烧好的样品冷却后制样，用于铁和磷元素含量的化学分析以及 XRD、SEM-EDS、EPMA 等分析，具体实验流程如图 6-1 所示。

本章研究内容所采用的主要方法如下：

（1）FactSage 热力学计算。

利用 FactSage 热力学软件计算非标准状态下碳热还原过程中铁氧化物、含磷矿物的还原反应及其与脉石之间反应的吉布斯自由能变化与温度的关系（ΔG-T），以探明还原焙烧过程中新物相产生的原因。

（2）X 射线衍射分析。

将焙烧产物在玛瑙研钵中研磨成<0.074mm 的粉末样品，进行 XRD（Rigaku，MiniFlex600，Japan）物相分析。检测条件为：以

$Cu(K_\alpha)$ 靶为靶材，工作电压 40kV，工作电流 15mA，测试角度 2θ 为 $10°\sim90°$，步长 $0.02°/min$。利用 MDI Jade6.0 软件对衍射数据中不同衍射峰的强度和位置与标准卡片进行比对，确定焙烧产物中的物相组成。结合 FactSage 热力学计算结果，探明还原焙烧过程中的物相演变规律。

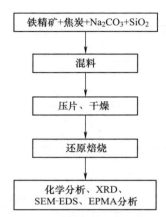

图 6-1　真空碳管炉碳热还原
实验流程图
（以铁精矿为例）

（3）扫描电镜观察分析。

将焙烧产物冷镶后机械研磨、抛光、喷金，再利用 FESEM（Zeiss Sigma 500，Germany）和 EDS（Bruker，Germany）观察分析焙烧样品的微观形貌、矿物组成、元素分布等特征，以定性分析原矿、铁精矿中含磷矿物在脉石相与金属铁相中的分布规律。

（4）电子探针观察分析。

运用电子探针 EPMA（JEOL，JXA8230，Japan）观察分析不同还原时间条件下得到的焙烧产物的微观形貌、矿物组成以及 Fe、C、P 元素分布等特征。EPMA 附件波谱仪配备四通道、八块晶体（包含测试轻元素的两块晶体），测试灵敏度、分辨率、准确度等指标都高于通常的能谱仪，可用做定量分析。结合 SEM-EDS 分析结果，探明原矿、铁精矿中磷元素在脉石相与金属铁相中的迁移规律。

还原焙烧产物的评价指标如下：

（1）气化脱磷率

$$\eta = \left(1 - \frac{m_1 w_1}{m_0 w_0}\right) \times 100\%$$

式中，η 为碳热还原过程中的气化脱磷率，%；w_1 为还原焙烧后产物中磷元素的质量分数，%；w_0 为还原焙烧前压片中磷元素的质量分数，%；m_1 为还原焙烧后产物的质量，g；m_0 为还原焙烧前干燥后压片的质量，g。

（2）金属化率

$$M = \frac{w}{w_T} \times 100\%$$

式中，M 为碳热还原过程中的金属化率，%；w 为还原焙烧产物中金属铁的质量分数，%；w_T 为还原焙烧产物中的全铁质量分数，%。

6.2 还原时间对白云鄂博原矿脱磷的影响

将原料为白云鄂博原矿粉、Na_2CO_3 分析纯试剂（5%）、焦粉（15%）、去离子水（8%）混匀压片，随炉加热至 1050℃后分别焙烧 10、20、30、40、50、60min，气压为 0.09MPa。研究不同还原时间对原矿脱磷的影响，探明元素磷在原矿中的迁移规律。

6.2.1 还原时间对原矿中磷在气相分布的影响

不同还原时间对原矿碳热还原过程中气化脱磷率以及金属化率的影响，如图 6-2 所示。

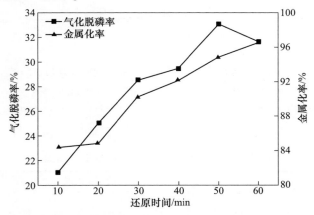

图 6-2 不同还原时间对原矿碳热还原过程中气化脱磷率与金属化率的影响

随着还原时间由 10min 延长到 60min，原矿碳热还原过程中金属化率由 84.38%升高到 96.49%；气化脱磷率先由 21.03%增加到 33.07%后减小为 31.61%；当还原时间为 50min 时，气化脱磷率达到最大值。由此可知，不同还原时间条件下磷在气相中的分布占 21.03%~33.07%。

6.2.2 还原时间对原矿碳热还原过程中物相演变的影响

不同还原时间对原矿焙烧产物物相组成的影响规律如图 6-3、表 6-4 所示。

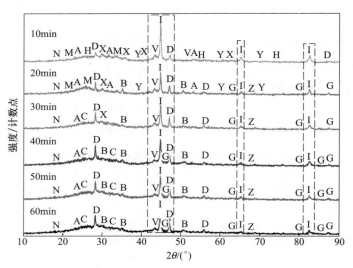

图 6-3 不同还原时间条件下原矿焙烧产物 XRD 衍射图谱

A—$CaSiO_3$；B—Ca_2SiO_4；C—$Ca_4Si_2O_7(F,OH)_2$；D—CaF_2，

G—Fe_xP；H—Fe_3O_4；I—Fe；M—SiO_2；N—$NaAlSiO_4$；V—Carbon；

X—$Ca_3(PO_4)_2$；Y—FeO；Z—Fe_3C

表 6-4 不同还原时间条件下 XRD 分析结果

样品	原矿焙烧产物的物相组成												
	A	B	C	D	G	H	I	M	N	V	X	Y	Z
10min	√			√		√	√	√	√	√	√		
20min	√	√		√	√		√	√	√	√	√	√	√
30min	√	√		√			√		√	√	√		√
40min	√	√		√			√		√	√			√
50min	√	√		√			√		√	√			√
60min	√	√		√			√		√	√			√

注："√" 表示 XRD 检测到该物相的存在。

由图 6-3、表 6-4 可知，针对不同还原时间得到的原矿焙烧产物进行 XRD 物相分析，结果表明：在 10min 时，Fe_3O_4 部分被还原，物相中仍存在 Fe_3O_4 的衍射峰，还原得到的中间产物 FeO 部分与脉石成分中的 SiO_2 反应生成铁橄榄石 Fe_2SiO_4；由于还原时间较短，反应不充分，10min 时检测到的含铁矿物与含磷矿物分别为 Fe_3O_4、FeO、Fe 和 $Ca_3(PO_4)_2$。当还原时间延长到 20min 时，Fe_3O_4 的衍射峰消失而渗碳体 Fe_3C、Fe_xP 的衍射峰出现，即渗碳反应发生 Fe_3C 生成，同时脱磷反应生成的磷蒸气进入金属铁相中生成 Fe-P 化合物。当还原时间达到 30min 以上时，FeO、$Ca_3(PO_4)_2$ 衍射峰消失，含铁矿物与含磷矿物均得到充分还原；而且随着还原时间的延长，渗碳反应不断发生的同时，含磷矿物还原得到的磷蒸气逐渐进入金属铁相中，生成 Fe_xP。Fe_xP 衍射峰加强。

为进一步揭示原矿碳热还原过程中的物相演变规律，利用 FactSage 热力学软件对非标准态下化学反应的吉布斯自由能变化与温度的关系进行计算，实验结果如式(6-1)~式(6-8)、图 6-4 所示。

$$Na_2CO_3 + Al_2O_3 + 2SiO_2 = 2NaAlSiO_4 + CO_2(g) \tag{6-1}$$

$$3CaO + 2SiO_2 + CaF_2 = Ca_4Si_2O_7F_2 \tag{6-2}$$

$$Fe_3O_4 + C = 3FeO + CO(g) \tag{6-3}$$

$$2FeO + SiO_2 = Fe_2SiO_4 \tag{6-4}$$

$$FeO + C = Fe + CO(g) \tag{6-5}$$

$$Fe_2SiO_4 + 2C = 2Fe + SiO_2 + 2CO(g) \tag{6-6}$$

$$Ca_3(PO_4)_2 + 3SiO_2 + 5C = 3CaSiO_3 + 5CO(g) + P_2(g) \tag{6-7}$$

$$2Ca_3(PO_4)_2 + 3SiO_2 + 10C = 3Ca_2SiO_4 + 10CO(g) + 2P_2(g) \tag{6-8}$$

由式(6-1)和式(6-2)可知，原矿的脉石矿物中 CaO、CaF_2、SiO_2、Al_2O_3 以及 Na_2CO_3 分析纯试剂容易发生反应，生成 $NaAlSiO_4$、$Ca_4Si_2O_7F_2$ 进入脉石相中。原矿中的铁氧化物发生逐级还原，其中 FeO 易与 SiO_2 反应生成铁橄榄石 Fe_2SiO_4。尽管 Fe_2SiO_4 较 FeO 难还

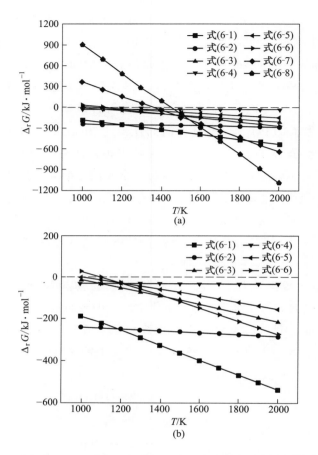

图 6-4　反应式(6-1)~式(6-8) 非标准吉布斯自由能变化与温度的关系

原，但在还原气氛充足的条件下，Fe_2SiO_4 也会被还原为金属铁。因此，铁氧化物的还原为 $Fe_3O_4 \rightarrow FeO$、$Fe_2SiO_4 \rightarrow Fe$，如式(6-3)~式(6-6) 所示。原矿中磷灰石的还原温度很高，在 1050℃ 条件下，含磷矿物的还原相对铁氧化物困难，但脉石相成分中的 SiO_2 能降低磷灰石还原反应的开始温度，促进脱磷反应的发生，如式(6-7)和式(6-8) 所示。

利用 SEM-EDS 分析不同还原时间对原矿焙烧产物微观形貌、元素 Ca、Fe、O、P 分布以及铁聚集区成分变化的影响规律，如图 6-5 所示。

如图 6-5 所示，焙烧产物的 SEM 形貌中浅灰色衬度像为金属铁相，深灰色衬度像为脉石相，黑色为焦炭相。由图 6-5(a)可知，还原时间为 10min 时能观察到磷元素的光密度分布与钙和氧重叠，而与元素铁的重叠区域并不明显。对铁的聚集区域进行能谱打点（点 A）分析，并未发现磷元素的存在，说明含磷矿物主要分布于脉石相中。此外，铁元素的光密度分布与氧有重叠区域，结合点 A 能谱分析可知存在未被还原的铁氧化物，这与 XRD 结果一致。由图 6-5(b)可知，当还原时间增加到 30min 时，少量的磷进入铁相内部。

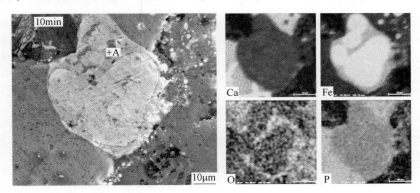

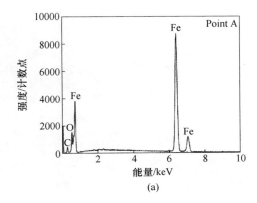

(a)

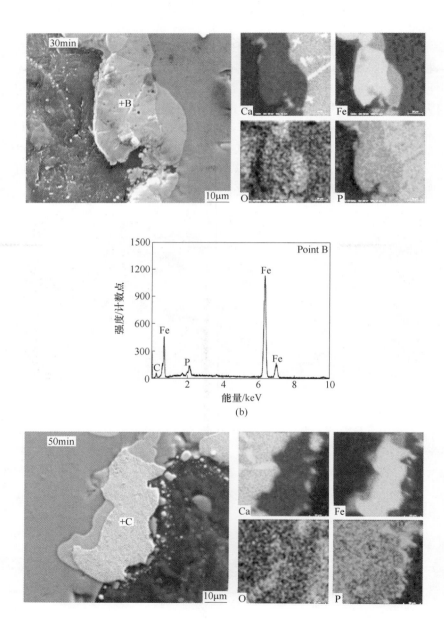

(b)

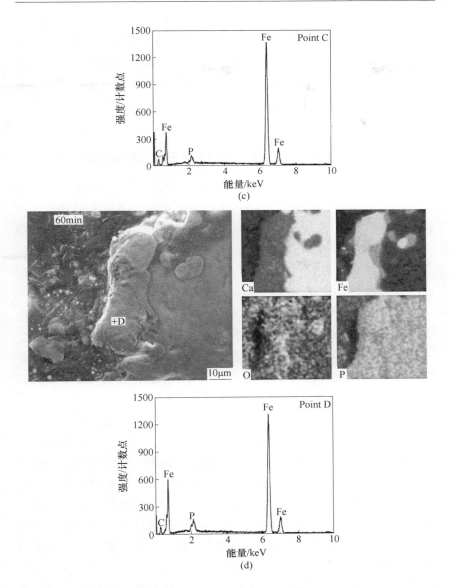

图 6-5 不同还原时间条件下原矿焙烧产物 SEM-EDS 分析

对铁的聚集区域进行能谱打点（点 B）分析，发现磷元素的存在。

随着还原时间延长到 50min，元素面扫结果显示磷元素的分布与铁重叠，但分布不均匀；在 60min 时，磷元素在铁相中均匀分布，见图 6-5（c）和（d）。C 点、D 点能谱打点结果表明金属铁相中存在 Fe、C、P 三种元素。还原时间的增加有利于含磷矿物充分还原，但还原得到的磷蒸气容易进入金属铁中生成 Fe_xP 化合物，使得气化脱磷率降低。

6.2.3　还原时间对原矿中磷在金属相与脉石相分布的影响

由还原时间对原矿气化脱磷率的影响可知，磷在气相中的分布占 21.03%～33.07%，因此，不同还原时间条件下，磷在金属相和脉石相中的分布共占 66.93%～78.97%。为了进一步定量分析磷在金属相与脉石相中的分布，利用 EPMA 分析不同还原时间条件下原矿焙烧产物中元素 Fe、C、P 的面扫分布以及金属相、脉石相中的元素组成，结果如图 6-6、表 6-5 和表 6-6 所示。

由图 6-6 所示，当还原时间为 10min 时，磷元素面扫分布与铁重叠区域不明显，此时含磷矿物主要分布于脉石中，而且还原得到的金属铁相被含磷矿物脉石相包裹。随着还原时间的增加，含磷矿物逐渐被还原。在 50min 时，P 元素面扫分布与铁重叠，且主要分布于铁相中；EPMA 结果与 SEM-EDS 分析吻合。

针对不同还原时间条件下原矿焙烧产物的金属铁相进行定量分析（表 6-5）可知，金属相中仅有 Fe、C、P 三种元素，随着还原时间由 10min 延长到 50min，金属铁相不断渗碳，使得 C 元素含量由 3.654% 增加到 5.368%；而磷灰石还原得到的磷蒸气 P_2 被金属铁吸收，导致 P 元素含量由 0.063% 增加到 0.487%，金属铁相中 P 元素含量随还原时间的变化趋势与 C 元素一致。不同还原时间对应的渣相中各元素含量如表 6-6 所示。由表 6-5 和表 6-6 中数据计算发现，当还原时间由 10min 延长到 50min，磷元素在金属相与脉石相中的分配比由 0.12 升高到 1.18，结果如图 6-7 所示。不难发现，随着还原时间的增加，磷元素不断由脉石相向金属铁相迁移，使其主要分布在金属铁相当中。

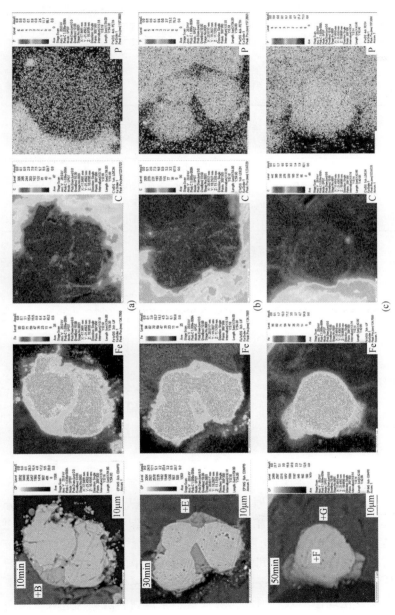

图 6-6 不同还原时间条件下原矿焙烧产物 EPMA 分析

表 6-5 不同还原时间条件下原矿焙烧产物中金属铁相的元素组成（%）

元素组成	$w(C)$	$w(P)$	$w(Fe)$	$x(C)$	$x(P)$	$x(Fe)$
A 点	3.654	0.063	96.283	14.986	0.100	84.914
C 点	3.930	0.273	95.797	15.955	0.429	83.616
D 点	4.486	0.293	95.221	17.890	0.453	81.657
F 点	5.368	0.487	94.145	20.802	0.732	78.466

表 6-6 不同还原时间条件下原矿焙烧产物中脉石相的元素组成

（$w/\%$）

元素组成	Fe	Mn	Ca	Si	Al	Mg	Na	K	C	O	P
B 点	5.213	2.680	10.823	17.905	0.607	1.909	2.407	0.721	4.612	52.556	0.567
E 点	2.513	2.358	12.326	19.748	1.216	2.362	2.527	1.072	6.975	48.641	0.262
G 点	2.572	1.512	13.361	21.600	0.717	1.418	2.663	0.973	9.338	45.438	0.408

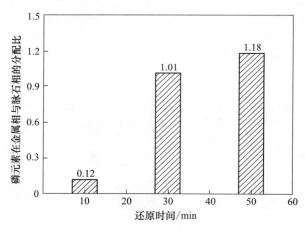

图 6-7 不同还原时间条件下原矿焙烧产物中磷元素在金属相与脉石相的分配比

利用 EPMA 对不同还原时间条件下原矿焙烧产物进行线扫描分析，以考察焙烧产物金属相和脉石相中磷元素与碳元素含量变化规律，结果如图 6-8 所示。由图可知，还原开始阶段，磷元素主要分布在脉石相中。随着还原时间的延长，金属铁相中的磷元素含量不断增加。从线扫描结果不难发现，金属铁相中不同还原时间条件下磷元素与碳元素变化规律一致，因此，磷灰石还原得到的磷蒸气进入金属铁相与其渗碳直接相关。

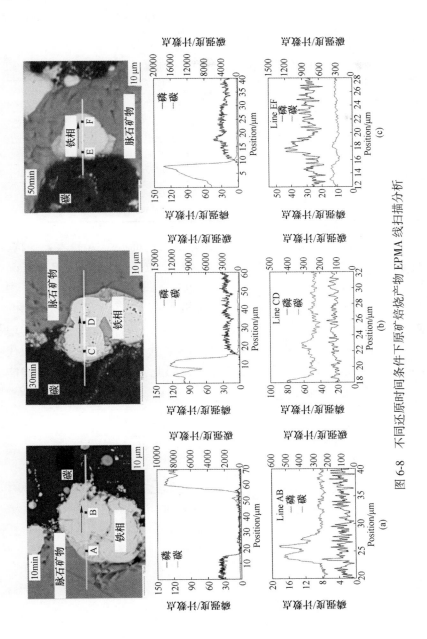

图 6-8 不同还原时间条件下原矿焙烧产物 EPMA 线扫描分析

为了进一步分析铁相中碳和磷的分布规律，对焙烧产物中物相组成的晶体结构进行分析，结果如表 6-7 所示。

表 6-7　原矿焙烧产物中 γ-Fe 和 Fe₃C 所属晶系及晶格常数

铁相	晶系	晶格常数	
γ-Fe	面心立方	$a=b=c=0.343\text{nm}$	$\alpha=\beta=\gamma=90°$
Fe₃C	六方结构	$a=b=0.477\text{nm}$ $c=0.435\text{nm}$	$\alpha=\beta=90°$ $\gamma=120°$
Fe$_x$P	六方结构	$a=b=0.585\text{nm}$ $c=0.345\text{nm}$	$\alpha=\beta=90°$ $\gamma=120°$

由表中数据可知，γ-Fe 和 Fe₃C 分别具有面心立方和六方结构，而 Fe$_x$P 具有与 Fe₃C 所属晶系相同且晶格常数接近。因此，P 原子易取代 Fe₃C 中的 C 原子进入铁相中，生成 Fe-P 化合物。将表 6-5 中 A、C、D、F 点对应的碳含量投影到 Fe-Fe₃C 相图（图 6-9）可知，碳热还原得到的金属铁相由 γ-Fe 与 Fe₃C 组成，且随着还原时间的增加，金属铁相中 γ-Fe 含量减少，同时 Fe₃C 含量增加，P 原子能取代 Fe₃C 晶格中的 C 原子进入金属铁相中。因此，金属铁相不断渗碳能够促进磷蒸气被金属铁吸收。

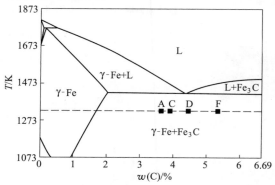

图 6-9　原矿焙烧产物的金属相中 A、C、D、F 点
在 Fe-Fe₃C 相图上的投影

6.3 还原时间对白云鄂博铁精矿脱磷的影响

将原料为白云鄂博铁精矿粉、Na_2CO_3分析纯试剂（1%）、焦粉（20%），SiO_2分析纯试剂（3%）、去离子水（8%）混匀压片，随炉加热至 1050℃ 后分别焙烧 20、30、40、50、60min，气压为0.09MPa。研究不同还原时间对铁精矿脱磷的影响，探明元素铁精矿中磷元素在碳热还原过程中的迁移规律。

6.3.1 还原时间对铁精矿中磷在气相分布的影响

不同还原时间对铁精矿碳热还原过程中气化脱磷率以及金属化率的影响，如图 6-10 所示。

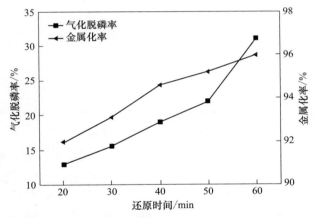

图 6-10　不同还原时间对铁精矿碳热还原过程中气化脱磷率与金属化率的影响

由图可知，随着还原时间由 20min 延长到 60min，铁精矿碳热还原过程中气化脱磷率由 13% 增加到 31%，金属化率由 92% 升高到96%；当还原时间为 60min 时，气化脱磷率、金属化率达到最大值。不同还原时间条件下，铁精矿中的磷元素在气相中的分布占13%～31%。

6.3.2 还原时间对铁精矿中磷在金属相与脉石相中分布的影响

由还原时间对铁精矿气化脱磷率的影响可知，磷在金属相和脉石相中的分布共占 69%~87%。为了进一步分析磷在金属相与脉石相中的迁移规律，对不同还原时间条件下铁精矿焙烧产物进行 XRD、SEM-EDS、EPMA 分析，结果如图 6-11~图 6-13 所示。

不同还原时间条件下铁精矿焙烧产物的 XRD 衍射图谱如图 6-11 所示。

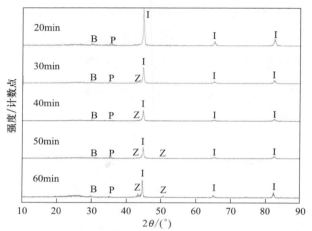

图 6-11　不同还原时间条件下铁精矿焙烧产物 XRD 衍射图谱

B—Ca_2SiO_4；P—$Na_2CaSi_5O_{12}$；I—Fe；Z—Fe_3C

由图 6-11 可知，不同还原时间条件下，铁精矿焙烧产物的物相组成基本一致。随着还原时间的增加，铁氧化物逐渐被还原生成金属铁。当还原时间达到 30min 以上时，金属铁相发生渗碳反应生成 Fe_3C。渗碳体的衍射峰强度随着还原时间的延长逐渐增强，而金属铁相的衍射峰强度逐渐减弱。由于铁精矿中含磷矿物较少且结晶性差，XRD 结果中未检测到含磷相的衍射峰，因此，需对铁精矿焙烧产物进一步分析来揭示碳热还原过程中磷元素的分布规律。

利用 SEM-EDS 分析不同还原时间对铁精矿焙烧产物微观形貌以及 Ca、Fe、C、P 等元素分布的影响规律，结果如图 6-12 所示。

从图 6-12 可以看出，当还原时间为 20min 时，磷元素面扫分布与硅、钙重叠，磷元素主要分布在脉石相中。随着还原时间的增加，磷元素由脉石相中逐渐向金属铁相中迁移。当还原时间达到 60min 时，磷元素面扫分布与元素铁重叠，磷在金属铁相中的分布明显。这是由于还原时间延长使得含磷矿物还原充分，磷蒸气进入金属铁相中，形成稳定的 Fe_xP 化合物。

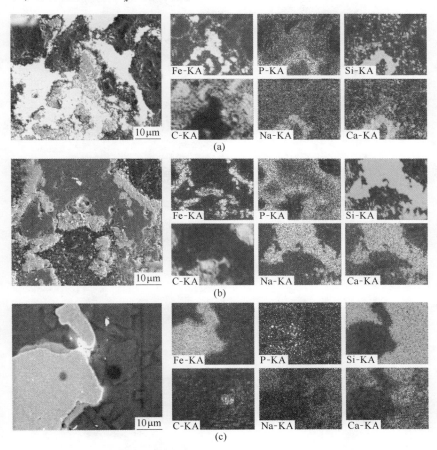

图 6-12　不同还原时间条件下铁精矿焙烧产物 SEM 形貌与 EDS 能谱面扫分析
(a) 20min；(b) 40min；(c) 60min

利用 EPMA 对不同还原时间条件下铁精矿焙烧产物中的 Fe、C、P 元素分布进行分析，结果如图 6-13 所示。由图不难发现，随着还原时间的增加，P 元素与 Fe 元素的重叠区域逐渐扩大，铁精矿中的 P 元素在碳热还原过程中逐渐由脉石相迁移到气相和金属铁相中，结果与 SEM-EDS 分析一致。

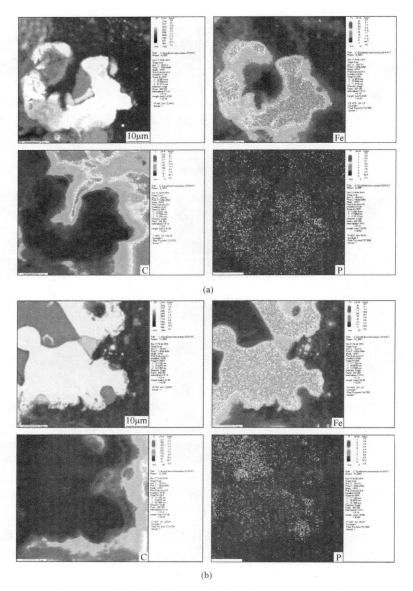

图 6-13　不同还原时间条件下铁精矿焙烧产物 EPMA 分析

（a）20min；（b）60min

本 章 小 结

本章通过以时间渐进的方式对白云鄂博原矿、铁精矿中磷元素在气相、金属相以及脉石相中的迁移规律进行研究，得到以下结论：

（1）随着还原时间的延长，原矿碳热还原过程中金属化率不断升高；气化脱磷率随着磷灰石的还原先逐渐增加，但当还原时间达到60min时，由于还原得到的磷蒸气大量进入金属铁相中，导致气化脱磷率下降。不同还原时间条件下，磷在气相中的分布占21.03%～33.07%。

（2）不同还原时间条件下，原矿中的磷在金属相和脉石相中的分布共占66.93%～78.97%；且随着还原时间的延长，原矿中的磷元素在金属铁相与脉石相中的分配比由0.12升高到1.18。

（3）由于Fe_xP具有与Fe_3C所属晶系相同且晶格常数接近，而金属铁相随着还原时间的增加不断渗碳，使得Fe_3C含量增加，γ-Fe含量减少，进而加剧磷元素在该相中的迁移。

（4）为了改善碳热还原过程中原矿的气化脱磷率，可通过在促进磷灰石还原的同时，抑制磷蒸气进入铁相来实现，最佳的还原时间为50min。

（5）随着还原时间的增加，铁精矿碳热还原过程中金属化率与气化脱磷率不断升高，还原时间为60min时，两者均达到最大值。这是由于铁氧化物优先含磷矿物的还原，时间延长有利于铁氧化物与磷灰石的充分还原，促进铁精矿中的磷元素由脉石相向气相和金属铁相迁移。

参 考 文 献

［1］秦洁璇.2016 年中国铁矿石市场回顾及 2017 年走势分析［J］.冶金经济与管理,2017
　　（2）：10-13.

［2］李林捷.2016 年中国铁矿石市场分析［J］.现代经济信息,2016（20）：325,327.

［3］朱云鹃，朱及天.经济全球化下我国铁矿资源安全供给战略研究［J］.中国国土资源经
　　济,2008,21（10）：10-12.

［4］郎剑涛，刘松霖，杜宇.我国铁矿资源的现状与发展［J］.卷宗,2015（6）：584.

［5］王国峰，刘鸿业.浅析我国铁矿资源的成矿规律及重点矿集区的资源潜力［J］.科技展
　　望,2016,26（28）：312.

［6］苏建芳，郑桂兵，朱阳戈，等.高磷鲕状赤铁矿脱磷技术研究现状［J］.现代矿业,
　　2013,29（7）：1-6.

［7］李楠希.我国铁矿资源现状与可持续发展对策分析［J］.科技展望,2016,26
　　（28）：308.

［8］侯宗林.浅论我国稀土资源与地质科学研究［J］.稀土信息,2003,10（7）：7-10.

［9］林东鲁，李春龙，邬虎林.白云鄂博特殊矿采冶工艺攻关与技术进步［M］.北京:冶金
　　工业出版社,2007.

［10］周传典.《白云鄂博特殊矿采选冶工艺攻关与技术进步》序言——包钢白云鄂博矿高
　　　炉冶炼攻关成功是我国钢铁史上的一项重大发明［J］.炼铁,2007,26（2）：60-62.

［11］柳建勇，张立志，肖国望.白云鄂博矿资源开发若干问题初探［A］.见:中国稀土
　　　学会地采选专业委员会.2007 年中国稀土资源综合利用与环境保护研讨会论文集
　　　［C］.中国海南海口:中国稀土学会,2007:70-73.

［12］周继程.高磷鲕状赤铁矿煤基直接还原法提铁脱磷技术研究［D］.武汉:武汉科技
　　　大学,2007.

［13］Song S H, Wu J, Weng L Q, et al. Phosphorus grain boundary segregation under an interme-
　　　diate applied tensile stress in a Cr-Mo low alloy steel［J］. Materials Science and Engineering:
　　　A, 2009, 520（1）：97-100.

［14］Lv B, Zhang F C, Li M, et al. Effects of phosphorus and sulfur on the thermoplasticity of high
　　　manganese austenitic steel［J］. Materials Science and Engineering:A, 2010, 527（21）：
　　　5648-5653.

［15］Jimenez-Melero E, Van Dijk N H, Zhao L, et al. The effect of aluminium and phosphorus on
　　　the stability of individual austenite grains in TRIP steels［J］. Acta Materialia, 2009, 57（2）：
　　　533-543.

［16］茅洪祥，李桂芳.磷对高锰钢的有害影响及预防措施［J］.特殊钢,1997,18（5）：
　　　30-34.

［17］张鉴.白云鄂博共生矿选矿技术现状与展望［J］.包钢科技,2005,31（4）：1-5.

[18] 李海洋. 包钢转炉渣微波碳热还原脱磷研究 ［D］. 包头：内蒙古科技大学，2015.

[19] Ito M, Tsunekawa M, Yamaguchi E, et al. Estimation of degree of liberation in a coarse crushed product of cobalt-rich ferromanganese crust⁄nodules and its gravity separation ［J］. International Journal of Mineral Processing, 2008, 87（3）：100-105.

[20] Ionkov K, Gaydardzhiev S, Correa de Araujo A, et al. Amenability for processing of oolitic iron ore concentrate for phosphorus removal［J］. Minerals Engineering, 2013, 46：119-127.

[21] Nunes A P L, Pinto C L L, Valadão G E S, et al. Floatability studies of wavellite and preliminary results on phosphorus removal from a Brazilian iron ore by froth flotation［J］. Minerals Engineering, 2012, 39：206-212.

[22] Wang H H, Li G Q, Zhao D, et al. Dephosphorization of high phosphorus oolitic hematite by acid leaching and the leaching kinetics［J］. Hydrometallurgy, 2017, 171：61-68.

[23] Priha O, Sarlin T, Blomberg P, et al. Bioleaching phosphorus from fluorapatites with acidophilic bacteria［J］. Hydrometallurgy, 2014, 150：269-275.

[24] Tang H Q, Guo Z C, Zhao Z L. Phosphorus removal of high phosphorus iron ore by gas-based reduction and melt separation［J］. Journal of Iron and Steel Research International, 2010, 17（9）：1-6.

[25] Matinde E, Hino M. Dephosphorization treatment of high phosphorus iron ore by pre-reduction, mechanical crushing and screening methods［J］. ISIJ International, 2011, 51（2）：220-227.

[26] Rao M J, Ouyang C Z, Li G H, et al. Behavior of phosphorus during the carbothermic reduction of phosphorus-rich oolitic hematite ore in the presence of Na_2SO_4 ［J］. International Journal of Mineral Processing, 2015, 143：72-79.

[27] Li Y L, Sun T C, Zou A H, et al. Effect of coal levels during direct reduction roasting of high phosphorus oolitic hematite ore in a tunnel kiln［J］. International Journal of Mining Science and Technology, 2012, 22（3）：323-328.

[28] Sato H, Machida S, Nushiro K, et al. Development of production process for pre-reduced agglomerates and evaluation of its quality［J］. Tetsu-to-Hagané, 2006, 92（12）：815-824.

[29] Ariyama T, Sato M. Optimization of ironmaking process for reducing CO_2 emissions in the integrated steel works［J］. ISIJ International, 2006, 46（12）：1736-1744.

[30] 郑贵山. 鄂西高磷鲕状赤铁矿分选的研究 ［D］. 沈阳：东北大学，2010.

[31] 陈文祥. 巫山桃花高磷鲕状赤铁矿联合选矿脱磷工艺研究［J］. 金属矿山, 2009,（3）：51-53.

[32] 朱江，萧敢汪，汪桂萍. 湖北宜昌某高磷赤铁矿的选矿工艺研究 ［A］. 见：中国冶金矿山企业协会矿山技术委员会. 2006 年全国金属矿节约资源及高效选矿加工利用学术研讨与技术成果交流会论文集 ［C］. 中国青海西宁：金属矿山杂志社，2006：209-211.

[33] 孙炳泉. 铁矿石浮选技术综述 ［A］. 见：中国金属学会选矿分会. 2009 中国选矿技

术高峰论坛暨设备展示会［C］. 中国黑龙江哈尔滨：中国矿业杂志社，2009：30-35.

［34］刘万峰，王立刚，孙志健，等. 难选含磷鲕状赤铁矿浮选工艺研究[J]. 矿冶，2010，19（1）：14-17.

［35］孙克己，卢寿慈. 梅山铁矿选择性反浮选磷灰石的试验研究[J]. 矿冶，2000，9（2）：24-26.

［36］印万忠. 微细粒矿物选择性聚团分选技术研究进展［A］. 见：中国冶金矿山企业协会矿山技术委员会. 中国矿业科技文汇［C］. 中国四川成都：现代矿业杂志社，2015：21-25.

［37］纪军. 高磷铁矿石脱磷技术研究[J]. 矿业，2003，12（2）：34-37.

［38］Gulmaraes R C, Araujo A C, Peres A E C. Reagents in igneous phosphate ores flotation［J］. Minerals Engineering, 2005, 18（2）：199-204.

［39］Prasad M, Majmudar A K, Rao G M, et al. Flotation studies on a low-grade cherty-calcareous rock phosphate ore from Jhabua India［J］. Minerals and Metallurgical Processing, 1995, 12（2）：92-96.

［40］林祥辉，罗仁美，刘靖，等. 鄂西难选铁矿的选矿与药剂研究新进展[J]. 矿冶工程，2007，27（3）：28-29.

［41］田铁磊. 高磷矿烧结脱磷研究［D］. 河北：河北联合大学，2012.

［42］赵栋，李光强，王恒辉，等. 高磷鲕状赤铁矿酸浸脱磷动力学[J]. 钢铁研究学报，2017，29（11）：883-891.

［43］余锦涛，郭占成，唐惠庆，等. 鄂西高磷铁矿酸浸脱磷研究［A］. 见：中国有色金属学会冶金物理化学学术委员会. 2012 年全国冶金物理化学学术会议专辑（下册）［C］. 中国云南昆明：中国稀土学会，2012：407-410.

［44］Xia W T, Ren Z D, Gao Y F. Removal of phosphorus from high phosphorus iron ores by selective HCl leaching method［J］. Journal of Iron and Steel Research International, 2011, 18（5）：1-4.

［45］艾光华，李晓波，周源. 高磷铁矿石脱磷技术研究现状及发展趋势[J]. 有色金属科学与工程，2011，2（4）：53-58.

［46］余盛颖. 高磷赤铁矿酸浸降磷及浸出液综合利用的研究［D］. 武汉：武汉理工大学，2007.

［47］Lv C, Wen S M, Yang K, et al. Beneficiation of high-phosphorus siderite ore by acid leaching and alkaline oxide reinforced carbothermic reduction-magnetic separation process［J］. Steel Research International, 2017, 88（6）：1-8.

［48］Cheng C Y, Misra V N, Clough J. Dephosphorisation of western Australian iron ore by hydrometallurgical process［J］. Minerals Engineering, 1999, 12（9）：1083-1092.

［49］李育彪，龚文琪，辛桢凯，等. 鄂西某高磷鲕状赤铁矿磁化焙烧及浸出除磷试验[J]. 金属矿山，2010，39（5）：64-67.

［50］何良菊，胡芳仁，魏德洲．梅山高磷铁矿石微生物脱磷研究［J］.矿冶,2000，9（1）：
31-35.

［51］黄剑胗，杨云妹，谢珙．溶磷剂与硫杆菌协同对铁矿石脱磷的研究［J］.南京林业大学
学报(自然科学版)，1994，18（2）：25-29.

［52］姜涛，金勇士，李骞，等．氧化亚铁硫杆菌浸出铁矿石脱磷技术［J］.中国有色金属学
报,2007，17（10）：1718-1722.

［53］高志．嗜酸氧化亚铁硫杆菌对含磷难选铁矿的浸矿初步研究 ［D］．武汉：武汉理工
大学，2008.

［54］Anyakwo C N, Obot O W. Phosphorus removal capability of Aspergillus terreus and Bacillus
subtilis from Nigeria's Agbaja iron ore［J］. Journal of Minerals and Materials Characterization
and Engineering, 2010, 9（12）：1131-1138.

［55］李士琦，张颜庭，高金涛．鲕状高磷赤铁矿超细粉的气基还原实验研究［J］.过程工程
学报,2011, 11（4）：599-605.

［56］赵志龙，唐惠庆，郭占成．高磷铁矿气基还原冶炼低磷铁［J］.北京科技大学学报，
2009, 31（8）：964-969.

［57］甘宇栋，段东平，韩宏亮．高磷鲕状赤铁矿直接还原法脱磷技术的试验研究［J］.钢铁
研究学报,2014, 26（3）：28-31.

［58］杨大伟，孙体昌，杨慧芬，等．鄂西高磷鲕状赤铁矿直接还原焙烧同步脱磷机理［J］.
北京科技大学学报,2010, 32（8）：968-974.

［59］朱德庆，李静华，杜永强，等．强化鲕状赤铁矿还原磁选脱磷机理研究［J］.矿业工
程,2014, 34（5）：74-77.

［60］Yu W, Sun T C, Kou J, et al. The function of Ca（OH）$_2$ and Na$_2$CO$_3$ as additive on the re-
duction of high-phosphorus oolitic hematite-coal mixed pellets［J］. ISIJ International, 2013,
53（3）：427-433.

［61］Yu W, Sun T C, Cui Q. Can sodium sulfate be used as an additive for the reduction roasting of
high-phosphorus oolitic hematite ore［J］. International Journal of Mineral Processing, 2014,
133：119-122.

［62］Li G H, Zhang S H, Rao M J, et al. Effects of sodium salts on reduction roasting and Fe-
Pseparation of high-phosphorus oolitic hematite ore［J］. International Journal of Mineral Pro-
cessing, 2013, 124：26-34.

［63］Yin J Q, Lv X W, Bai C G, et al. Dephosphorization of iron ore bearing high phosphorous by
carbothermic reduction assisted with microwave and magnetic separation ［J］. ISIJ
International, 2012, 52（9）：1579-1584.

［64］Sun Y S, Han Y X, Gao P, et al. Recovery of iron from high phosphorus oolitic iron ore using
coal-based reduction followed by magnetic separation［J］. International Journal of Mineral Pro-
cessing, 2013, 20（5）：411-419.

［65］袁文．预还原烧结矿生产工艺的开发［J］.冶金管理,2009，（10）：58-60.

[66] 胡俊鸽，周文涛，郭艳玲，等．日本为减排 CO_2 而开发的高炉新型炉料[J]．世界钢铁，2011，11（3）：1-4.

[67] 姜曦，裴元东，韩宏亮．铁矿粉烧结技术进展[J]．科技导报，2011，29（15）：70-74.

[68] 陈恒庆．预还原烧结技术的开发［N］．世界金属导报，2009，8（11）：4.

[69] 范德增，任允芙，杨宗义．海南铁矿粉预还原烧结矿的矿物组成与其性能的关系[J]．钢铁，1997，32（8）：6-10.

[70] 刘帆．高磷赤铁矿烧结脱磷机理及脱磷剂研究［D］．唐山：河北联合大学，2014.

[71] 王辉，邢宏伟，刘帆．高磷鲕状赤铁矿烧结过程脱磷的热力学分析[J]．河北联合大学学报(自然科学版)，2014，36（3）：19-22.

[72] Han H L，Duan D P，Wang X. Innovative method for separating phosphorus and iron from high-phosphorus oolitic hematite by iron nugget process[J]. Metallurgical and Materials Transactions B，2014，45（5）：1634-1643.

[73] 吴文远，孙树臣，涂赣峰，等．氧化钙分解人造独居石的反应机理[J]．东北大学学报，2002，23（12）：1158-1161.

[74] 吴文远，孙树臣，郁青春．氟碳铈与独居石混合型稀土精矿热分解机理研究[J]．稀有金属，2002，26（1）：76-79.

[75] 成成，薛庆国，王静松，等．高磷铁矿含磷矿物与脉石相碳热还原机理[J]．钢铁研究学报，2016，28（4）：8-15.